一片一片 构筑世界的美好

海明威说：这世界是美好的，值得我们为之奋斗。万里石愿意相信，这世界的美好，值得像石头般永存。如果 **用实心 做石事**
们出产的每一块石头，都能折射这种相信，那就是万里石乐意看到的。我们雕琢石头的品质，石头也以它的
质雕琢着我们。务实、担当、坚持，这是石头给我们的学习，这品质，也折射在万里石每一个人身上。
石头的品格和决心，做跟石头有关的事。用实心，做石事。

万里石股份　　精装石材综合服务商　　全国服务热线：4008-815-116　　网址：www.wanli.com　　中国驰名商标

万里石
WANLI STONE

主 编

溪石集团发展有限公司、世联石材数据技术有限公司

Co-Edited by

Xishi Group Development Co., Ltd. and Shilian Stone-Data Co., Ltd.

执行主编：林涧坪

Executive Editor-in-Chief: George Lin

责任编辑：贺悦 刘京梁 林剑平

Editor: He Yue Liu Jingliang Lin Jianping

技术总监：黄俊孝

Technical Supervisor: Huang Junxiao

文字编辑：王英 林伟 林琛

Word Editor: Wang Ying Lin Wei Lin Chen

设计单位：家和兴文化传媒工作室

Designed by Kaho Cultural Media Studio

总设计：黄其钊

General Design: Huang Qizhao

平面设计：林叶青 林迪慧 林冠望

Layout Design: Lin Yeqing Lin Dihui Lin Guanwang

摄影：邓国荣 林冠葛 刘宏韬 林辰瑀

Sampling and Photography:

Deng Guorong Lin Guange Liu Hongtao Lin Chenyu

编 委 会

产业顾问：

郭经纬 方炳麟 侯建华 刘海舟 谭金华 朱新胜 邓国荣

行业顾问：

王伯瑶 王楚尚 林恩善 黄金明 刘 良

技术顾问：

王琼辉 王荣平 王向荣 王文斌 王晓明
刘国文 张其聪 陈道长 陈俊明 陈永生
陈永远 陈文开 林 辉 林树烟 洪天财
胡精沛 高 蓉 周碧辉 黄朝阳 黄荣国
黄启清 黄金禧 曾孟治 蒋细宗 廖原时

（排名按姓氏笔画顺序）

图书在版编目（CIP）数据

奢华石材装饰. 4，精品工程与特色企业 / 溪石集团
发展有限公司，世联石材数据技术有限公司主编. -- 北
京：中国建材工业出版社，2013.6
ISBN 978-7-5160-0469-2

Ⅰ. ①奢… Ⅱ. ①福… ②世… Ⅲ. ①建筑材料－装
饰材料－石料 Ⅳ. ①TU56

中国版本图书馆CIP数据核字(2013)第132671号

精品工程与特色企业
Prominent projects and enterprises

奢华石材装饰
Decoration with Luxurious Stone Materials

IV

（工程案例与企业）
Cases and enterprises

中国建材工业出版社
China Building Materials Press

目 录 Catalogue

石头雕刻、拼画

1. 石头的创意

石头创意产品

1. 石材创意与生活

奢华工程装饰案例

优秀精华工程装饰案例

　　近年来，中国许多石材企业，如福建的溪石、万里石、凤山、英良、东星、万隆，广东的环球、高时、康利、东成等企业参与了国内外诸多大型工程的石材装饰，许多工程的设计邀请了石材企业参与，使其将石材最精美的一面展现给世人；在加工方面，他们充分利用现代高科技的加工设备和先进的加工工艺，让石材的装饰成为及其精品的工程的组成部分，流芳溢彩。

　　这里介绍几个国内外近期装饰的石材豪华案例，同时也回顾部分古典时期的工程装饰案例，让我们进一步赏识石材装饰的经典工程。

国家大剧院
National Centre for the Performing Arts

上海世博中心
Shanghai World Expo Center

谢赫阿布扎比清真寺
Sheikh Zayed Bin Sultan Al Nahyan Grand Mosque

阿联酋皇宫酒店
Emirates Palace Hotel

品味 石材之美
Taste the Beauty of the Stone

绽放 石材之美
Bloom the Beauty of the Stone

无锡梵宫——奢华的天宫

  这座梵宫是现代装饰的极佳典范，佛教在中国上千年的传播和延续过程中，从敦煌莫高窟石窟建筑到全国各地的寺建筑群，材料基本使用的是上古朴的石材、木材、砖，加上表面雕刻、加工、彩绘，气势及精美程度震撼人心。这些建筑都离不开原始的材料形式，属于就地取材的建筑。梵宫，可以说是现代建筑结构下的装饰性寺观，从建筑的形式上突破了传统的规制，不再是中式歇山式开间建筑，而是采用了宫殿式的建筑，从中可以看到南亚的一些建筑特征。纹饰上全部装饰了佛教的元素，并且用油画装饰。地面大型拼花、墙壁的多种形式装饰、柱头和柱都是采用石材。屋顶采用天穹的方式装饰，有最高的圆形天穹和在圆形天穹两边的半弧形天穹。

  配套的服务设施装饰，也是奢华精美，过道的层次透视，大型的会议厅、接待厅，都是极尽奢华。

梵宫内装饰

总示意图

无锡梵宫

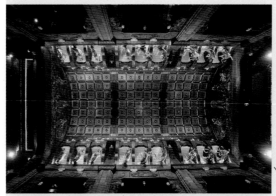

西侧：半弧形的天穹两边各有9个飞天，采用LED变化照明，神秘、绚丽。

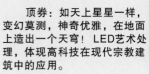

顶券：如天上星星一样，变幻莫测，神奇优雅，在地面上造出一个天穹！LED艺术处理，体现高科技在现代宗教建筑中的应用。

从中间圆穹顶拍摄西面宫殿，通往大殿的空间，在两排立柱的装饰下，显得很大气和华丽。

西

南

穹顶下的北侧空间，以中式的镂空门为装饰方式，采用两层的布局。

宫殿地面采用大理石拼花

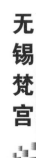
总示意图

北

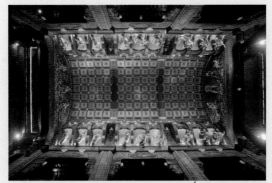

东侧半弧形的天穹两边各有9个飞天

高台上释迦牟尼的琉璃壁画，
富丽而柔和。

东

人在最高圆穹顶下往东看，东面就是流光溢彩
的灯光源装饰，最靠东面就是释迦牟尼和侍服菩萨
的琉璃壁塑。灯光把建筑内部装点的神秘，华丽！

中央的穹顶，让空间沿着四边扩散，空间制造的合理。

内部墙壁共12幅释迦牟尼生平油画，高耸、木雕镂空
镶嵌画框。

无锡梵宫

奢华工程装饰案例

梵宫内装饰

梵宫整体

无锡梵宫

从中间圆穹顶拍摄西面宫殿，通往大佛的空间，在两排立柱的装饰下，显得很大气和华丽。

穹顶、柱、地面，层次分明，退让有序！

西堂　　　　　　　　中

室内列柱和古典式的墙壁装饰

人在最高圆穹顶下往东看，东面就是流光溢彩的灯光源装饰，最靠东面就是释迦牟尼和侍服菩萨的琉璃壁塑。灯光把建筑内部装点的神秘，华丽！

无锡梵宫

堂　　　　　　　东堂

梵宫内装饰

柱

中堂立柱柱头为南瓜形，柱也为圆柱。

殿内20根柱是梵宫装饰的主要特征

室内靠墙壁的一整排立柱，柱头为方形瓜瓣。

柱头特征

通体大柱的上头是雕刻精美的木雕柱头，多面组合的木石结构。

柱体上部雕刻装饰云纹和雀替木刻花鸟雕刻融为一体。

云纹装饰

柱身无棱角

方形莲花柱头，采用进口红色大理石装饰。

圆形莲花柱头

无锡梵宫

梵宫内装饰

地面拼花装饰

　　中国古典寺庙建筑，基本采用单色的砖或者石材装饰，有些采用古典砖拼块装饰，或者有些采用大小变化的拼块方式装饰，有些采用莲花点缀装饰。新的加工技术，尤其是拼花艺术的应用，是新寺庙装饰的一个典范。

无锡梵宫

列柱与墙壁旁边铺设的是帝王金大理石

与天穹对应的中央地面采用大拼花的地面装饰

柱与柱之间有插色大板条拼花过渡

中堂外是长方块的拼花线框

地面拼花装饰

中堂拐角处，与壁画呼应的是拼花地面，地面是金黄色的大理石和拼花。

宝相花装饰的拼花地面

无锡梵宫

梵宫内墙面装饰

无锡梵宫

殿内两边装饰着12幅油画的释迦牟尼故事画，首次采用油画方式描绘佛教主题。

梵宫内墙壁装饰

折变角处采用古典式墙面装饰，用大理石加工成丰富线条及踢脚线。

门框、壁画框边都采用线条装饰，空间显得很有韵律感。

殿内中部大堂南北两面墙壁装饰风格一样，大理石板材中镶木雕漏窗，古朴而时尚。

无锡梵宫

梵宫内装饰

墙基装饰特征

大理石雕刻的墙基，温润、精美。

忍冬草及如意纹饰装饰的墙基，墙身装饰有中式古典的漏窗。

走廊采用厚板状的踢脚线装饰的简约的墙基。

多层缠枝纹装饰的层次丰富的墙基

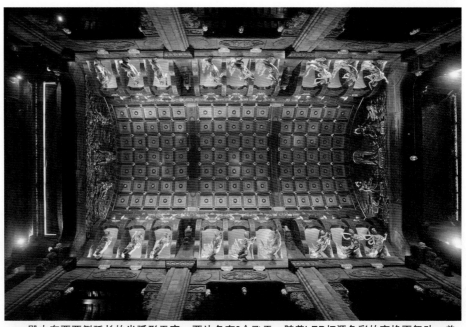

殿内东西两侧延长的半弧形天穹，两边各有9个飞天，随着LED灯源色彩的变换而舞动，美轮美奂。

中间圆形穹顶，上下采用斗拱支撑的圆形，其他五层采用垂花装饰的八边形装饰，从下到顶不断缩小，最后收于蓝色宁静的天幕，天幕采用LED装饰，变幻的LED色彩，演绎了一个佛国神秘的天堂世界。

无锡梵宫

梵宫外辅助空间装饰

梵宫辅助设施

梵宫 无锡

辅助空间的装饰

梵宫的辅助空间属于主殿附属服务功能空间，这些空间的墙面与地面和柱、门套也突破传统材料，采用米黄色的大理石装饰，装饰上应用了佛教的含蓄语言和纹样。特别是异型的柱、线条，装饰技巧很讲究！

中堂悬空的装饰设计

二楼走廊地面、门套线条采用金黄色的大理石装饰，在金黄色的灯光照射下显得金碧辉煌，人行通道显得深邃。

辅助空间所在的位置

梵宫外辅助空间装饰
梵宫辅助设施

演出和会议中心宽阔、奢华。

顺着走廊两边排列柱的方向，柱拱起高耸的弧形空间，这里成为敬佛之后游客休闲、静心的场所。

无锡梵宫

奢华工程装饰案例

梵宫外辅助空间装饰

梵宫辅助设施

无锡梵宫

装饰华丽的斋堂，地面采用中色调的大理石仿地毯拼花，庄重精美。

奢华工程装饰案例

梵宫外辅助空间装饰

梵宫辅助设施

如同真狮趴在墙壁上喷水，灵动活泼。

走廊墙壁上一排小狮子口里流水装饰

唐卡精美图案装饰在地面上，流光溢彩。

无锡梵宫

梵宫外辅助空间装饰

一楼廊道

无锡梵宫

两列柱撑起花式圆拱顶，通过柱形成连续有韵律的空间效果。

地面铺设圆形略带深色的色块与顶篷花纹呼应。

地面柱之间，通过深色的色块板分隔与连接。

地面铺设的色彩差异的变化效果

丰盈雕刻

关于丰盈

　　丰盈石业雕刻有限公司创办于20世纪九十年代,位于"中国石雕之都"福建惠安崇武。2009年变更为福建丰盈园林古建工程有限公司。

　　主要承接城市广场雕塑、公共环境、寺庙古建、欧式外墙、名人肖像等各种室内外石雕艺术的设计与制作。集聚一批蜚声海内外的雕塑艺术家,一流设计师和精良人才,结合大型专业设备及高科技装备更是助推丰盈蓬勃发展;公司的发展集研发、设计、生产安装体系化运营,曾为世界多地的公共场所设计并制作大型现代及传统石雕艺术作品,多次参加国际及国内重要学术交流与展览。

　　丰盈,本着"以当代文化现象切入中国传统审美理念。集布朗库西、八大山人之简约、布德尔、南朝石刻辟邪之雄伟;马约尔、霍去病墓石刻之浑朴"的设计理念,以弘扬博大精深的中国宗教艺术与传统雕刻,建设人类审美领域的新天地为宏伟蓝图。

地　址:中国石雕之都—福建省惠安县崇武镇莲西工业区　　邮编:362131
电　话:0595-87678500　　传真:0595-87676886　　QQ:88205475[丰盈集团]

地　址：中国石雕之都—福建省惠安县崇武镇莲西工业区　　邮编：362131
电　话：0595-87678500　　传真：0595-87676886　　QQ：88205475[丰盈集团]

——位于陕西省宝鸡市代家湾生态示范园塬顶 纯石结构牌楼工程　　规格｜长7102cm　　高2205cm　　材质｜白色花岗岩

——位于山东省曲阜市大成桥

室内柱廊装饰

演出和会议中心

无锡梵宫

梵宫外辅助空间装饰

旅客服务中心

无锡梵宫

纪念品商场摆设区宽阔、三层通体，形成高旷的空灵空间。

　　为了制造空间的通灵之感，一楼和二楼之间，采用中式装饰的柱连通，形成了中部空间的通透之感。

　　中间踩空的多层设计，把建筑装饰得很有空间深度及垂直度。中式的柱式装饰，显得宁静。以同一金黄色的大理石色调装饰得很整体大方。

旋转楼梯踏步用大理石，扶手采用雕花玻璃板。

上楼主通道宽阔的楼梯

无锡梵宫

梵宫外辅助空间装饰

各种门

外凸于墙面的门线条

用大理石装饰墙裙和门套，形成立体的线条外凸于墙面之上。

阴线条

墙面采用大理石装饰，门采用凹陷阴线条装饰，以求变化。

无锡梵宫

往外收边的折变边

厚墙与门之间距离较大，过渡边用渐变的折线往外收边，给门开阔的视觉美感。

梵宫外辅助空间装饰

各种门

浑圆的线条做成电梯的门套

黄铜的入口大门金碧辉煌，与柔和色大理石搭配显得突出。

无锡梵宫

向外收边的门线

波浪状的门套

· 25 ·

梵宫外辅助空间装饰

中式柱

为了把门柱和墙角变化做得柔和一点，采用大量的折变边。

通体中式圆柱

变体的柱式与塔式柱组合，展示了稳重宏厚的佛文化寓意。

无锡梵宫

巨大的宝塔形式柱装饰

宝塔柱座与柱帽，体现了佛教建筑空间的装饰语言。

圆柱式

进入梵宫，采用三开大门的方式，中为仪门，装饰形式采用现代组合线条。

柱面采用多层的装饰，形成层次感。

金黄色的圆鼓形圆柱头

无锡梵宫

梵宫外辅助空间装饰

各种墙面变化的装饰

一整排的壁龛墙面,浮凸恢弘,收敛有致,体现了空间变化的装饰效果。

地面平滑,凹陷天花板错落参差,形成空间的灵动。

无锡梵宫

各种墙面变化的装饰

壁龛式墙壁

壁龛式墙壁

无锡梵宫

梵宫外辅助空间装饰

线板（条）装饰的各种部位

吊顶多层线条与门线条的装饰上下呼应。

门柱从外往内，不断收边。

门线、墙裙、采用凹陷线条装饰，
体现建筑的内敛之美。

厚板装饰的墙基

巨厚形的板材及线条装饰包边

梵宫外辅助空间装饰

过道中层次很强的门套装饰

无锡梵宫

外部辅助配套通道墙壁装饰大理石，线条装饰的门套形成走廊有节奏的空间感。

走廊金黄色的统一格调，透视深远的人行通道。

通道中门柱和踢脚线的装饰，凸出的线条把空间变得具有透视感。

梵宫外辅助空间装饰

入口大门

无锡梵宫

进入主大门是传统牌坊式门套，汉白玉雕刻，字精美鎏金。

户对是鼓形雕刻，柱棱凹线修饰。

柱头及柱半身也雕刻纹样

门两边安放一对雕刻精美的大象——寓意，平安吉祥（吉象）。

西式纹样的穹顶，华丽。

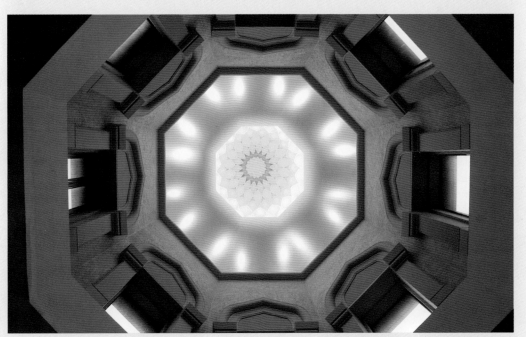

穹顶采用柱拱式撑起的八角形的顶棚，装饰莲花瓣佛教花卉，屋顶柠檬色灯束，如同佛光照射出的光芒，宁静而有感染力。

无锡梵宫

梵宫外部建筑

外墙装饰特征

无锡梵宫建筑外部

　　灵山梵宫是无锡灵山胜境中的景点之一，坐落于烟波浩渺的无锡太湖之滨，钟灵毓秀的灵山脚下，气势恢宏的建筑与宝相庄严的灵山大佛比邻而立，瑰丽璀璨的艺术和独特深厚的佛教文化交相辉映。灵山梵宫建筑气势磅礴，布局庄严和谐，总建筑面积达7万余平方米，高三层的梵宫采用退台式建筑布局，以南北为轴线，东西呈对称分布，建筑面宽150米，进深180米，顶部为错落有致的五座华塔，后侧为曼陀罗形态的圣坛。

無錫梵宫

西边是大行

中央门头

东边是大智

东边是大悲

第二届世界佛教论坛主会址灵山梵宫 荣获全国建筑业最高奖"鲁班奖"有望成为最年轻的国宝

《灵山梵宫》外墙石雕工程 材质：G682＃ ——位于江苏省无锡市

DINGLI CARVING

TEL：400-0607-838   http://www.dinglistone.com

梵宫外部建筑

大门的装饰

柱头莲花瓣形式，装饰云纹和草纹。

门顶飞天和佛像浮雕

　　中央门头采用门柱悬空外凸装饰，高耸，门顶装饰飞天与佛像的装饰，门面装饰莲花束腰及柱头一样装饰的佛教花装饰，佛教主题建筑的外立面，门面采用忍冬草装饰。采用佛像雕刻图案和莲花柱。

香炉浮雕的壁画

缠枝纹雕刻的柱座

侧面看，墙体与门之间是悬空的。

无锡梵宫

火焰纹装饰的小门

门头忍冬草花纹浮雕

无锡梵宫

悬空的门套

忍冬草和缠枝纹装饰的门框

外墙特征

无锡梵宫

外墙采用黄色锈石花岗岩，从墙基、墙身、顶部都是精雕细刻。

墙基采用缠枝纹的线板雕刻和凸面板组成

外墙特征

墙顶以缠枝纹、线板、墙花等装饰。

梵宫屋顶由塔、栏杆、线条组合成立体的建筑。

无锡梵宫

梵宫外部建筑

墙面局部特征

中间墙体下为须弥座底座墙基，墙身为错开板条，墙顶为缠枝纹线条。

折角墙面，墙基为凸板须弥座，墙身错开板条，墙顶为几何线条和墙花。

门与门之间墙面，采用壁画、须弥座、火焰纹等复杂装饰。

无锡梵宫

梵宫外部建筑
顶部装饰

曼陀罗的塔顶

各种折变的栏杆和雕刻的花纹线条与塔顶错落有致。

　　缩小的塔成为大体量建筑上点缀对比，整个建筑因此显得灵动。

墙顶以缠枝纹、线板、墙花等装饰。

无锡梵宫

人民大会堂

　　人民大会堂，中国人民政治生活的神圣殿堂，与共和国命运相关的无数个故事，都发生在这座庄严宏伟、壮丽典雅、富有民族特色的建筑中。而人民大会堂内部的装潢，代表了国家之"最"。

北京厅

香港厅

浙江厅

人民大会堂

人民大会堂

安徽厅

广东厅

湖南厅

湖南厅局部

人民大会堂

阿布扎比清真寺

    阿布扎比清真寺是纪念七二年建立阿联酋第一任总统谢赫扎伊·德·本苏尔丹而兴建的。他曾经是阿布扎比酋长国的国王，2005年去世。阿联酋正是在他领导下逐步发展到今天。阿联酋人都希望创造奇迹，从帆船酒店到棕榈岛，到现在的谢赫阿布扎比清真寺都是这个思维，要建造世界上，也是阿拉伯地区最大的清真寺。

    整个清真寺耗资五十五亿美元。整个建筑群都用来自希腊的汉白玉包裹着，非常的庄严肃穆，而那些精美的雕刻则是来自我国工匠的手艺。

（本小节由环球石材供稿）

洁白的空间中，金色显得特别耀眼和富丽。

爬上柱的缠枝叶，充满生命的动感和艺术的灵动。

阿布扎比清真寺

白色的六棱柱金色的棕榈叶上柱头撑起园拱尖，形成寺内廊状的通道和层状空间感，洁白的空间中，显得华丽。

阿布扎比清真寺

螺钿装饰得圆柱

银色的螺钿镶嵌在白色的大理石柱内，灵动优雅！

墙面缠绕花的拼画

立体拼画

拼花顺着门框缠绕，如同自然的景象，艺术之美。

阿布扎比清真寺

华丽的穹顶

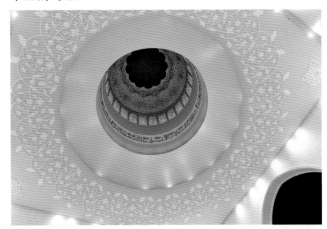

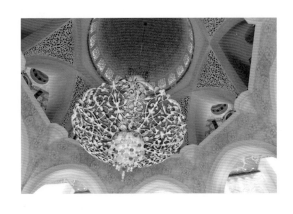

阿布扎比清真寺

国家大剧院

国家大剧院

国家大剧院室内外装修使用的石材有几大特点：品种多，全部国产，稀有品种，规格偏大。这些石材来自全国各地，如承德的蓝钻、绿七彩玉，山西的夜玫瑰、太白青、金钻、凤尾钻、蝴蝶蓝、海浪花，湖北的满天星，贵州的海贝花、米黄，广东的海浪沙、白玉翡翠、云灰，江西的古木纹，陕西的白水晶，河南的绿金花、菊花石、金银红等。

国家大剧院公共大厅地面最具艺术气息，面积约7000平方米的石材装饰了24个区域，有花岗岩、大理石等，虽然有的区域使用的是一种石材，但由于石材切割的方向不同，产生了不同的纹理和装饰效果。

在国家大剧院中，建筑师根据空间、环境功能充分发挥想象力，在原有自然的石材表面上做艺术处理，如大剧院入口水下廊道两侧的太白青石材墙面，在表面烧毛的底板上开了不透空的半圆孔并磨光与底色烧毛形成鲜明对比，圆孔从上到下，从小到大，从密到疏不规则排列，此处顶部玻璃幕墙上是波光粼粼的水面，水经过太阳光的折射，透过玻璃投射到大小不一的圆孔气泡装饰的太白青石材墙面上，使人仿佛走进水的世界，能够聆听到光影协奏曲一般，如梦如幻。

室内石材装饰纹理分析

国家大剧院

国家大剧院室内石材装饰纹理分析

1.通道古典色，青色的石材通过火烧之后的仿古处理，铺设在地面，在幽暗的灯光照射下感受到暗暗的油光面，古朴而深沉。

2.建筑幕墙是金属幕墙的，由于遮光的作用，采用室内照明，地面装饰的石材纹理为点状、花状或小纹理状石材品种。

3.建筑幕墙为透光玻璃幕处，装饰的石材纹理狂乱、梦幻，色彩浓烈的石材品种。

二楼南面玻璃幕漏光处，紫罗红的大纹理，把漏进阳光的地面照得霞影云浮。

北面：戏剧场的主通道，漏进的部分阳光成为玻璃幕墙与外界进行色彩对比的地方，而此处地面全部采用大花纹的石材。

长安街上看着水中的大剧院

通地铁

地铁通道与国家大剧院连接通道地面及墙面均采用青色的石材，仿古处理成油光面，建筑色调单一，这种纯色的入口，是为了内部绚丽打下伏笔。

地面通长安街

吧台台面利用喷砂喷出肌理很强的装饰效果图案

从西面的进入剧院，漏光处地面铺设有纹理梦幻的古木纹大理石。

三楼地面采用纹理梦幻的幻彩麻花岗岩仿古铺设

紫罗红大理石如同红色地毯一样延伸在两个电梯之间，把空间变成一个富丽的，不可思议的过渡间。其与弧形的墙面的白色大理石形成对比。

通往歌剧院的通道变得宽敞，地面采用灰黑色的花岗岩装饰，成为玻璃幕墙上水折射光形成光怪陆离的"银幕"。

入口处，绿线纹的白色大理石为墙壁装饰面，色彩淡雅，而地面采用浓重的亮红色和暗黑色，形成对比。

国家大剧院

入口通道的石材铺设

国家大剧院

进入剧院主通道，地面采用传统灰黑色花岗岩铺设，色典古朴。地面中央采用火烧的板如同中国古典御道的装饰元素，把通道主体突出出来。

通道两边摆放表现戏剧、音乐、舞蹈的雕塑作品，墙壁采用暗黑色花岗岩按照演出空间钻孔处理（吸音）。

暗色调的青色花岗岩表面仿古处理，铺设在地面和墙面，产生古朴的感觉。

入口吧台也是采用暗色花岗岩喷砂表面处理，整个入口的格调就是统一的暗色和采用无花纹的石材，古朴处理。

　　进入主馆映入眼帘的色彩就是黑色的贝壳花大理石，中间是红色纹理丰富的玛瑙红！人一下就进入到一种自然肌理的装饰环境，红色大理石如同地毯延伸到上楼的两边电梯。

在玻璃幕墙漏进的阳光照射下，地面花花点点，多彩多姿！

　　从二楼往下看，白色大理石圆滑包围的曲面，与一楼中间的红色及化石花的大理石形成对比，给人一种和谐感觉。

其他一些通道入口装饰

直升的电梯间外墙采用白色大理石装饰，在深色梦幻的色彩体系中显得很醒目。

通向地下的扶梯，电梯边缘采用白色大理石装饰，也显得色彩独特。

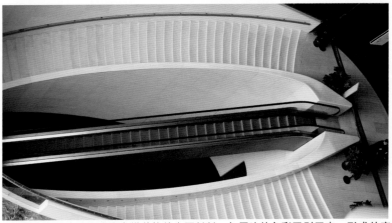

乳白色的大理石成为电梯装饰的主要材料，与周边的色彩区别开来，形成特定的对比。

国家大剧院

剧院二楼不见光的地面装饰

夜玫瑰花岗岩

地面铺设夜玫瑰花岗岩的仿古处理板,与墙面枣红色的色彩构成浓郁的古典色彩之美。

楼道走廊采用幽暗色的柔和灯光,地面仿古点状红玫瑰把墙壁的枣红色色泽衬托得更加强烈。

国家大剧院

二楼玻璃幕漏光处地面装饰

国家大剧院

木纹黄（平行纹）

玛瑙黄（贝壳纹）

古木纹（梦幻纹）

幕墙中央是演出中心，大量的休闲空间地面装饰各种纹理的大理石，展示艺术的地面装饰。

二楼玻璃幕漏光处地面装饰

红色大理石和黑色古木纹大理石，色彩对比强烈，阳光照射下，如同油画一样，纹理张扬。

二楼大面积采用近平行纹的绣斑大理石

国家大剧院

三楼地面装饰

国家大剧院

三楼由于玻璃幕墙漏光比较小了，地面采用梦幻纹的幻彩麻花岗岩装饰。

三楼不漏光地面处也是采用幻彩纹装饰。

　　卫生间地面采用G654火烧之后仿古刷刷磨处理，古朴、淡薄，墙面采用卵石花胶结花岗岩铺面。枣红色的门板搭配，整个空间色彩典雅古朴，富有艺术感。

墙面采用卵石花的花岗岩装饰

卫浴地面，在幽暗的灯光照射下，仿古油面G654花岗岩，显得古朴。

酒店、会所、娱乐

　　现代商务、旅游、会议的酒店，休闲、娱乐的会所、餐厅等建筑的室内装饰，外墙装饰都比较讲究。特别是酒店、会所的大堂装饰，都极尽奢华，不但追求风格，而且也追求时尚和艺术，石材是酒店的内装饰的重要材料之一。

酒店门口采用牌坊装饰

简洁的六面柱门头

北京饭店

北京饭店

酒店外墙采用柱式玻璃幕墙，简约美观。

室内墙面采用简化的平板墙面大理石装饰

米黄色大理石装饰墙面和地面，形成金黄色的空间色调，温馨的空间色彩，也是中国人喜欢的色调。

米黄色大理石装饰的酒店通道，在柔和的灯光照射下，宁静、舒缓。

北京饭店

北京饭店

大面积的空间留空，供以休闲和简单的摆设。

采用竖向铺设的墙面

室内廊道墙壁，采用横向板材粘贴，空间也都是比较简洁，色泽富丽。

北
京
饭
店

米黄色大理石装饰的长走廊，形成空间通道金黄色的色调。

柱采用金黄色金蜘蛛大理石加工，如同水草的纹理具有自然的美感。

北京饭店

门线

踢脚线

墙壁用踢脚线、门线勾勒，其他墙面采用平板装饰。

一些空间的墙壁采用古典的线条装饰

卫浴装饰古典的色彩与其他厅堂鲜艳的黄色色彩形成对比

北京饭店

地面油亮的瓷板，墙面锈板装饰，空间显得很古朴。

阿联酋皇宫酒店

阿联酋皇宫酒店外景

阿联酋皇宫酒店

阿联酋皇宫酒店外景是继迪拜帆船饭店之后，阿联酋阿布扎比另一家超越五星级评等的豪华饭店。酒店占地面积100万平方公尺，工程建造动用了12000名工人，24小时轮班，三年兴建完成，造价30亿美金，据说光是使用的装饰黄金，就高达22吨。

八星级皇宫酒店是奢华设计与传统文化结合的完美典范。延绵一公里的八星级皇宫酒店是典型的阿拉伯皇宫式建筑。酒店外墙展现了阿拉伯沙漠的沙质神韵，古朴质感中透出沙粒的五彩缤纷。

酒店秉承阿拉伯建筑风格，内部面积达24公顷，由大理石板铺就的大厅堪称宏伟，众多喷泉涌动宛如河流，一千多盏水晶吊灯更显金碧辉煌。

令人称奇的114个穹顶全部由马赛克砌成，其中最大的穹顶直径达42米，表面镀银，并在顶端装饰了黄金，闪耀着阿拉伯文明独有的富丽堂皇。酒店的装修用的全部是最新材料和技术，饭店的圆顶用最新照明技术、防腐特殊材料和纯金制造，一到晚上就会自动发光，金光闪闪，永不掉色。据说，这个圆顶还是世界上最大的圆顶建筑。酒店总共用了19万立方英尺进口大理石。

（本小节由环球石材供稿）

酒店大堂连续的柱装饰

酒店大堂拱券及柱

阿联酋皇宫酒店

阿联酋皇宫酒店

中堂休息厅宽阔，大理石中央拼花，金黄色的色调柔和富丽，摆设简单！

酒店内墙壁的柱式装饰和地面满堂拼花

立体拼画装饰的墙面

圆形的过堂

柱壁、油画、金黄色大理石装饰的过道。

阿联酋皇宫酒店

阿联酋皇宫酒店

装饰成伊斯兰特色拱尖状的台面镜框及柱式强化装饰的卫浴空间

悬空的洗浴台

奢华工程装饰案例

半宝石虎眼石装饰的酒店大堂墙壁，标志着奢华的材质要素。

深圳瑞吉酒店

丝绸之路纹理梦幻的石板装饰地面，把地面装饰如云似雾。

· 77 ·

上海和平饭店

和平饭店装修风格——装饰主义风格细节：
提到海派文化，就不能不提装饰主义风格（Art Deco），这种风格现在依然深深影响着生活在上海的人们。在和平饭店，你可以欣赏到很多装饰主义风格（Art Deco）的细节。

大理石马赛克地砖，虽然是新铺的，但是从设计上完全遵循了当时的风格。墙上那些几何图形设计，在上个世纪20年代Art Deco盛行的时候十分摩登，当然，即使现在看来，它们依然散发着无法阻挡的魅力。乳白色意大利大理石铺成的地面和立柱，屋顶的古铜镂花吊灯，配上宽窄不一的装饰线条，带着欧式的气派与细腻，形成了繁复的装饰层次。

再比如和平厅里燕子图案的拉利克玻璃，挑高6.5米的天花板的分割装饰手法，以及被擦拭一新的老枫木弹簧地板"其中，若干拉利克艺术玻璃饰品也被镶嵌在其他餐厅和会客室，花鸟、鱼、飞鸽"每种图案都让人恍如隔世。也许对于现在的人们来说，拉利克艺术玻璃已然陌生。但是，对于很多人来说，它更像是一个美轮美奂的梦。拉利克艺术玻璃曾在19世纪风行全球，它的创始人是法国人雷内·拉利克（Ren ELalique），其最负盛名的制品，是在烧制过程中融入了锑、砷以及钴的被称之为Opalescent glass的玻璃艺术品。和平饭店留下的这些拉利克艺术玻璃制品便属于如今非常罕见的雷内第一代制品，弥足珍贵。

在和平饭店，细节是非常重要的，因为细节的高级才意味着真正的高级，在这里，甚至连空调的罩子也必须是兼具设计美感和功能性的，它得与和平饭店的其他部分相互协调，并在装饰效果上也能独当一面。"只有尽量做到最美、最好，才能衬得上这里的灵缇犬标志，那对灵缇犬是创立人沙逊爵士的最爱，因此也成了这个酒店的标志"。

和平饭店曾经是老上海的传奇之地，汇集无数上流阶层、绅士。如今，和平饭店再次用自己浓厚的上海风情，续写着它的传奇，让前来的人们再次领略"爵士时代"的享乐时光。

酒店入口也留出宽阔的空间，地面圆线拼花勾勒的地面与墙壁多条竖线线条组成"天圆地方"的空间。

大堂是八边形，与天穹对应，地面用八边放射的大理石拼花铺设，创造了独特的空间效果。

上
海
和
平
饭
店

排列的柱壁，格状的顶篷，装饰着长长的过道，具有很强的韵律和透视感。

上海浦东发展银行顶栅

上海浦东发展银行

上海浦东发展银行内部装饰，悬空的柱壁，拱门装饰，气势宏伟，地面按照空间也是采用八边形的装饰。

上海总会酒店

处处展示设计精华的上海总会酒店

这个酒店有两种风格的装饰，就是古典风格的装饰和现代奢华的组合。

新的大理石马赛克柱和磨光玻璃及现代装饰的新装饰的标志。

中间空悬的厅堂，把空间处理得通透和立体。

顺着楼梯进入新酒店主要服务区，分成两层，上层为休闲和接待，下层为餐厅和其他服务区。

这是新旧两个酒店之间连接的过堂，中央摆设一张六边形的大理石面座椅，显得悠闲。

古典柱的空间，古典立体。

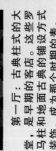

第一厅：古典柱式的大堂，是早期的客店。这些罗马柱和地面古典的铺设方式装饰，成为那个时期的表。

入口采用黑色与黄色大理石错色铺设

过堂的地面采用古典砖的装饰风格，内圈以黄色为主，点缀黑色砖，外圈包围以交错双色装饰。

上海总会酒店

上
海
总
会
酒
店

　　古典柱式的大厅，使空间变得很立体，古典柱成为室内空间艺术的主要特征，地面采用褐色大理石铺设环形线。

　　中堂是米黄色的大理石和黑色大理石点缀铺设。

　　侧边是间色的大理石铺设

　　环形线采用黑色大理石地面铺设与环境相称。

园林古建与传统石刻

云林金湖万善爷庙

建筑幕墙与装饰

长沙同升湖

台北仁爱国宝

台北时美斋

台北白金汉宫

台北安然居

海峡雕刻
strait carve

《女娲补天》
非物质文化遗产惠安石雕唯一
入选代表作品

福建惠安县崇武海峡雕刻有限公司
FUJIAN HUIAN CHONGWU STRAIT CARVE CO.,LTD.

Add:惠安县崇武镇溪底村溪南路4号　P.C:362131
Tel:0595-87682367 87682467　Fax:0595-87687222
Http://www.straitchina.com　E-mail:hx1006@126.com

海峡雕刻
Strait Carve

古建石刻　建筑装饰石材
园林景观雕塑　陵园石刻

园林景观与雕塑

古建石刻、建筑装饰石材
园林景观雕塑、陵园石刻

海峡雕刻
strait carve

地址:惠安县崇武镇溪底村溪南路4号   邮编:362131
Tel:086-595-87682367   87682467
Fax:086-595-87687222   E—mail:hx1006@126.com
Http://www.straitchina.com

厦门大学鲁迅大型雕像

南京河海大学

湘潭白石公园

传统大幕雕刻工程

陵园石刻

陵园墓碑

第二进为米黄纯色的大理石铺地

中央过堂摆设一张六边形的大理石面座椅，显得悠闲、宁静。

上海总会酒店

上海总会酒店

白金龙黑色大理石

第二过堂的边上布置着休闲酒吧台，吧台的外框采用平行纹的白金龙黑色大理石装饰，与酒店高贵的格调很相称。

旁边是一整排用白金龙装饰框镜面装饰壁龛，供客人休闲的座椅。

隔层地面采用大方块的米黄色大理石中点缀小方块装饰

楼梯踏步采用米黄色大理石，栏杆采用玻璃及铜材料的组合，体现了新材料的装饰应用。

上海总会酒店

奢华工程装饰案例

柱的装饰

上海总会酒店

凹槽大理石柱成为上下层石材装饰过度的连接体

餐厅地面采用色彩渐变的马赛克装饰，如同油画的意境。

拼花的板条勾勒出地面的环形线，把单种色调点缀的活泼雅致。

圆鼓形中式柱头和凹槽的柱身

上海总会酒店

上
海
总
会
酒
店

新酒店地面拼花线条简洁而时尚

拼花线成为装饰地面的元素

奢华工程装饰案例
地面线条点缀

采用咖啡色的小板装饰卫浴地面线条

在古典墙面装饰下，地面过道采用古典块状拼接，
并采用细板条啡网大理石做框线装饰。

上海总会酒店

拼花细线勾勒出地面的线条

上海总会酒店

二堂地面采用米黄色大理石为主色调装饰，以花线做分割线划出不同的拼块，美观、活泼！

马赛克铺地的餐厅地面显得富丽、时尚。

进入厕所的小空间通道，室内采用古典墙面装饰：踢脚线、墙面隔条、顶线条。

仿地毯的团花装饰在过道中，典雅而时尚。拼花作为古典的新式装饰。

上海总会酒店

整个过堂的全部采用古典式拼块的装饰，显得庄重雅致。

古典墙面的装饰风格

上
海
总
会
酒
店

墙面：踢脚线、线条、墙面板横向铺设，定式装饰。

米黄色大理石装饰的墙面，横向排列粘贴，踢脚线和电梯门套线条，把墙体勾勒的立体。.

墙壁采用米黄色的板材装饰，电梯门采用纹理很强的白金龙做线条门套，对比性强。

早期铸铁栏杆的楼梯装饰

现代装饰的楼梯，柔滑、流畅、时尚。

大理石装饰的喇叭口楼梯，宽广而大气。

上海总会酒店

古典卫生间装饰

上海总会酒店

卫生间的功能分区

卫生间采用大理石豪华装饰，腰线及踢脚线强调了立体感。

上海世博中心

上海世博中心

上海世博中心在世博会期间承担了国家馆日庆典、荣誉日活动、国际论坛、宴请、演出、贵宾接待、新闻发布和指挥运营等重要任务。世博会后，其又转型成为大型高规格国际会议的重要场所，一方面承担政务服务功能，成为上海市"两会"及其他重要政务性会议的举办场所；另一方面还要承载社会功能，对社会开放，以其会议、展览、活动、宴会、演出等专业功能形成核心竞争力，充分展示上海国际大都会形象，提升上海城市的综合竞争力，是上海新的城市名片。

上海世博中心

春厅

夏厅

秋厅

秋厅

上海世博中心

上海世博中心

冬厅

中国画和纹样装饰的墙壁

竹子装饰的柱壁

杭
州
黄
龙
酒
店

梦幻的图案和纹理的橘子玉地板，装饰得酒店空间，新奇舞动。

地面采用橘子玉微透明大理石装饰

　　大堂内的地面、柱、栏杆、屋顶全部采用金黄色的大理石装饰，展示了一个金碧辉煌的大堂空间，是奢华的风格之一。

　　后堂的空间也是全部装饰金黄色的大理石，柱采用拼条的装饰，对比性强。

用大理石加工成弧形装饰柱，呈波浪状，创意奇特。

上
海
丽
笙
酒
店

门口过道拼花装饰

过门处，两罗马柱作为装饰，墙壁大理石贴边，内装饰壁纸。

墙裙大理石贴面，线条扰边。

室内空间的古典风格装饰，每个过道或者细节多有不同的花色、线条变化。

卫浴以细花白贴面，意大利黑金花做台面板、米黄石材铺地板，富丽而豪华。

地面过道古典砖拼块，内厅方块砖斜交角装饰。

内厅墙壁采用壁纸和石材线条装饰，显得古典和华丽。

家居奢华空间案例

梦幻的石材自然肌理

鬼斧神工——天然石画

　　石材肌理图案，是石材在大自然地质环境下生成过程中的还原表现，体现了自然伟大的神力。人们利用自己的创造力，通过加工过程中的板材拼接或者一些后期加工处理，形成了各种各样奇妙的图案，有些具有很吉祥的寓意，被装饰在各种空间中，形成美丽的装饰。

　　肌理图案的出现，得益于石材大板的加工，由于加工的版面变大，许多自然生成的纹理就变成实际可用的图案。

鬼斧神工—**天然石画**

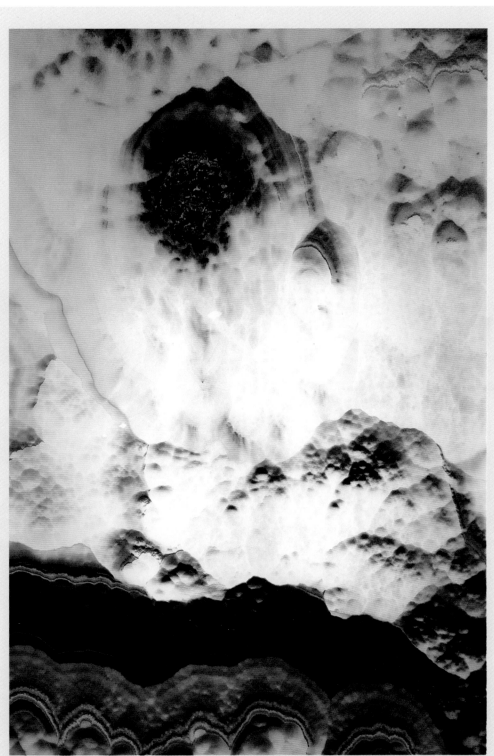

孕育·繁衍 画意：无比神圣的人类生命之源，表达着人类孕育生命和延伸繁衍的深刻内涵，暗寓播种希望、传承发展。适宜：公司会客厅、会议厅、酒店大堂或家居客厅。
石种：红宝石，规格 3240×2230（mm）。

梦幻的石材自然肌理

玉石天然画

鬼斧神工—**天然石画**

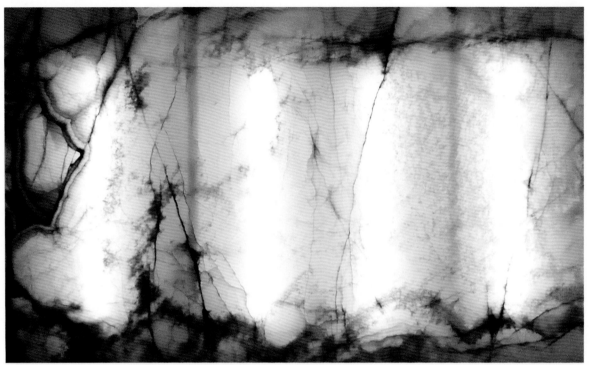

幸福扎根　画意：画面盘根错节，相交辉映。画面上金黄色的根系，如同在水中生根，显示出勃勃生机，大有植根深土，木秀于林的意境。适宜：公司会客厅、会议厅、酒店大堂或家居客厅。石种：粉红玉。

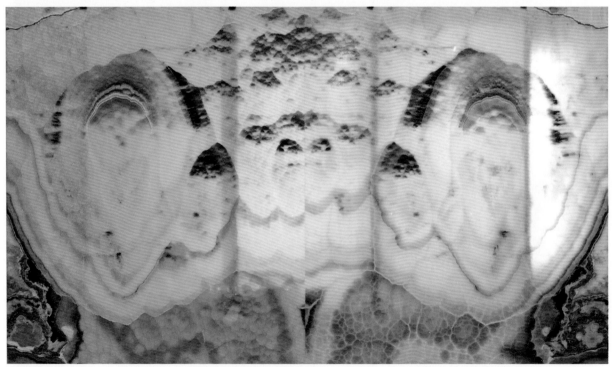

左右逢源　画意：画面质地均匀，油润光亮，神韵如中国式水墨画，左右相称，左右相逢。寓意做事得心应手，称心如意。适宜：公司会客厅、会议厅、酒店大堂或家居客厅。石种：水墨玉。

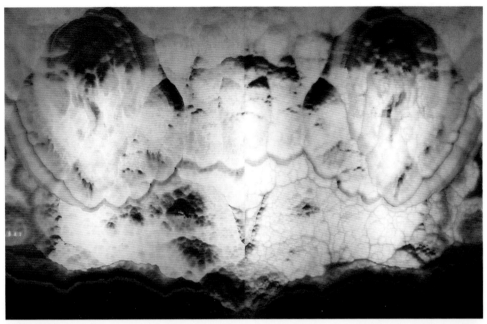

倾国倾城水云间　画意：水云群峰间若隐若现，宛如瑶池仙境；海天间亭台楼阁、城郭古堡亦真幻、虚无飘渺，恍如一幅美轮美奂的人间仙境海市蜃楼。寓意目标深远、不断超越。适宜：公司会客厅、会议厅、酒店大堂或家居客厅。石种：水墨玉，规格 3360×2250（mm）。

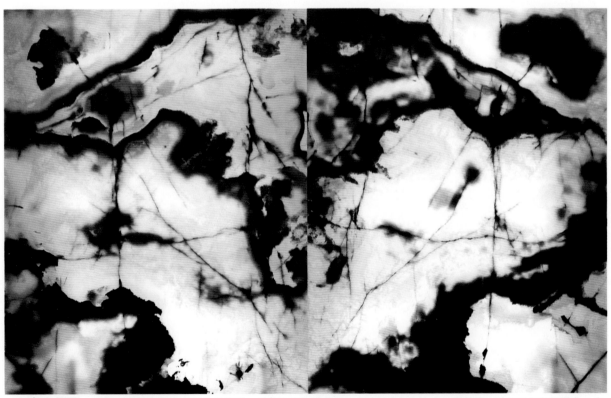

春之绿野　画意：画面犹如春色无边的绿野，纵横交错的枝条和一只欢快高歌的小鸟，呈现出一种欣欣向荣的景象，寓意主人生活充满阳光，事业蒸蒸日上。适宜：公司会客厅、会议厅、酒店大堂或家居客厅。石种：青龙玉。

鬼斧神工—天然石画

梦幻的石材自然肌理

玉石天然画

鬼斧神工—天然石画

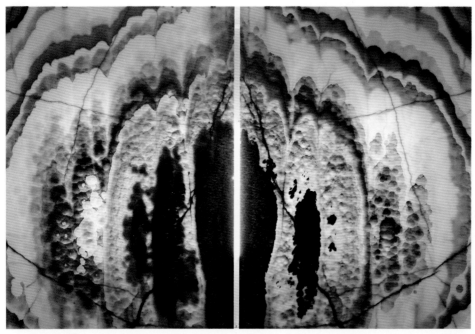

共生吉祥 画意：画面中以单调、和谐的色彩为主，纹路清晰可见。图中雄伟的大山上浮现出一团洁白的祥云。寓意着大好的运气来临，幸福安康。适宜：公司会客厅、会议厅、酒店大堂或家居客厅。石种：红宝石，规格 3240×2230（mm）。

富饶 画意：画面中的一串串杜鹃花，嫣红姹紫，在埋藏着黄金般的富饶土地滋润下百花齐放，争妍斗艳的意境。象征富贵、繁荣和精彩人生。适宜：公司会客厅、会议厅、酒店大堂或家居客厅。石种：桔子玉。

· 110 ·

鬼斧神工—**天然石画**

锦上添花 画意：画面紫色为主色调，绚丽夺目，恍若鲜艳的牡丹花被绣上了丝锦里，寓意着生活好上加好，美上添美，能添财、添寿、添喜。适宜：公司会客厅、会议厅、酒店大堂或家居客厅。石种：粉紫玉。

透明大理石自然纹理画

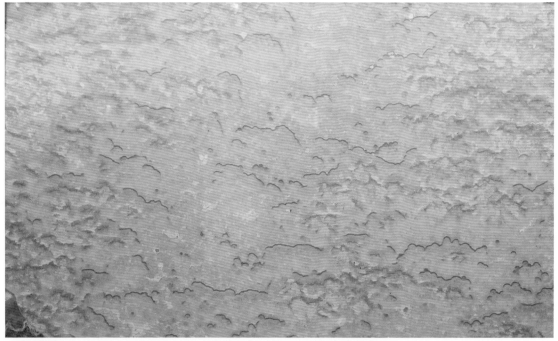

百鸟朝霞：一群飞雁正朝着晚霞飞去，意境安详，和谐，适合家居等壁画装饰。

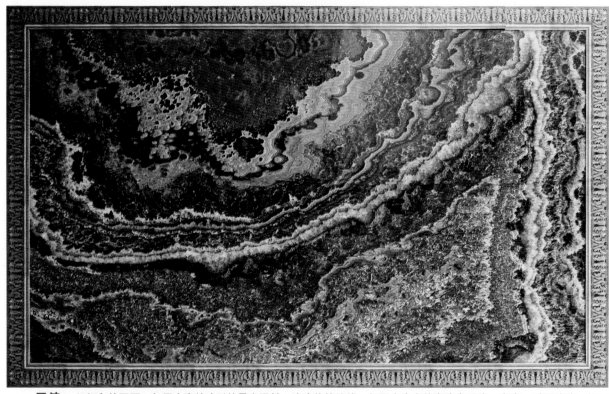

　　巨浪：红褐色的画面，如同大海被浓烈的霞光照射，波浪状的纹线，如同大海中的海浪在翻滚。寓意，财源滚滚，好运迎面扑来。适合公司、酒店壁画装饰。

晨曦日晓照山峰

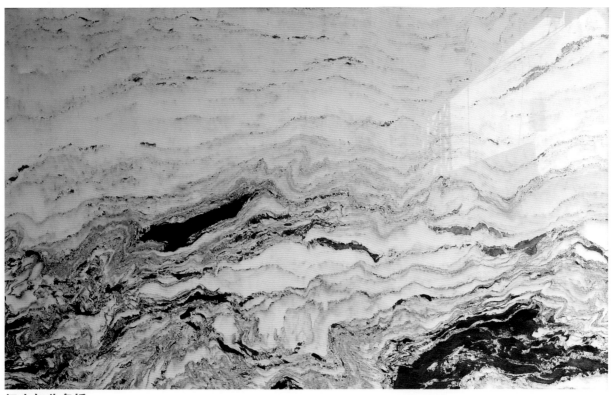

江山如此多娇

鬼斧神工—**天然石画**

鬼斧神工——**天然石画**

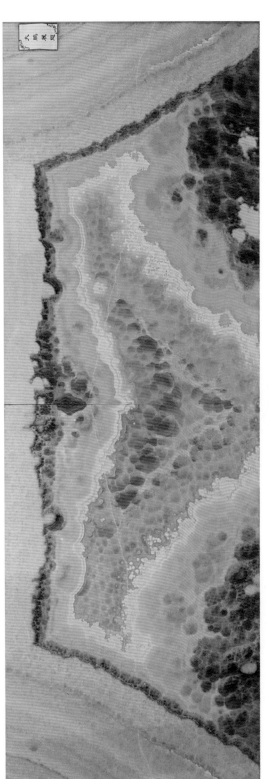

大鹏展翅

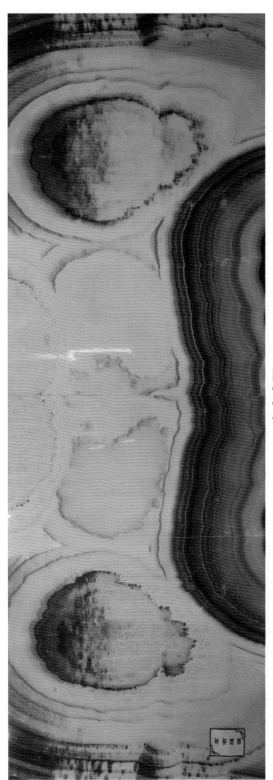

左右逢源

鬼斧神工—**天然石画**

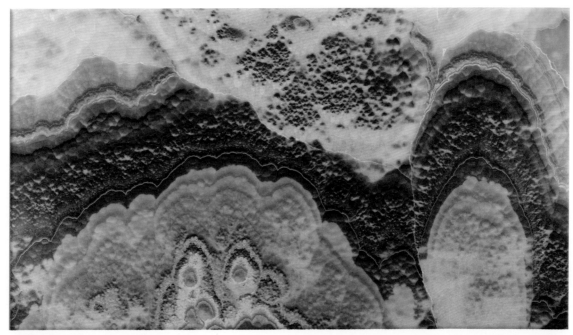

墨舞烟霏 规格：2900×1630（mm）

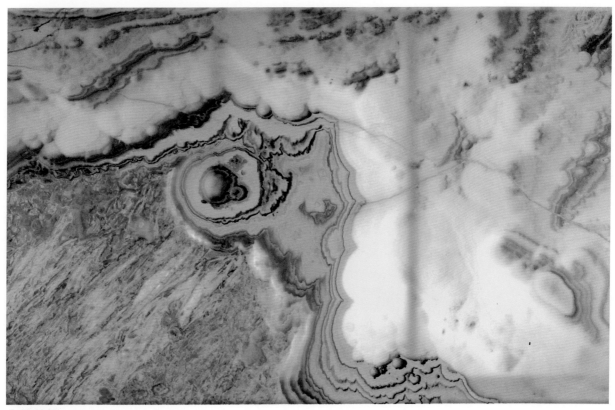

金蝉纳福 规格：2820×1700（mm）

透明大理石自然纹理画

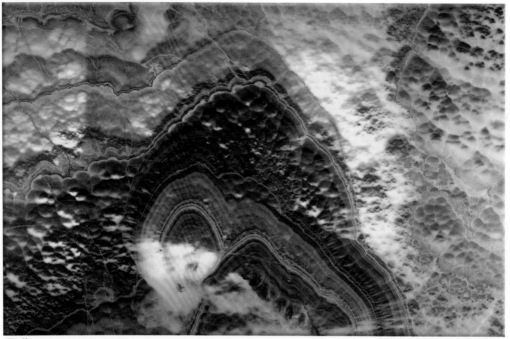

晨曦 规格：2350×1800（mm）

鬼斧神工—**天然石画**

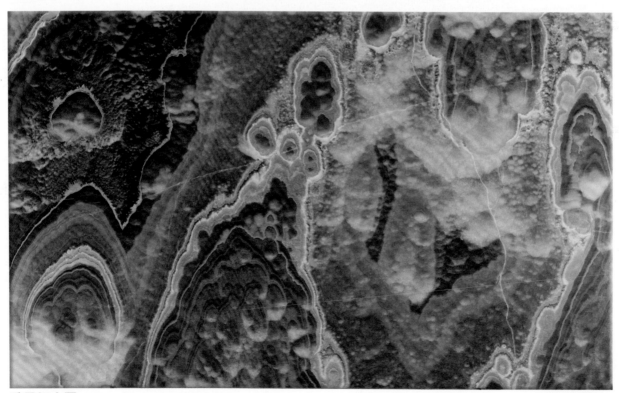

千里江山图 规格：2430×1620（mm）

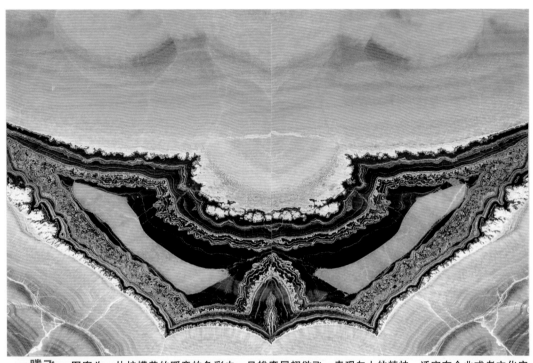

腾飞：图案为一片柠檬黄的暖意的色彩中一只雄鹰展翅欲飞，表现向上的精神，适宜在企业或者文化空间装饰。同时也可以看成"蝙蝠"，构成："有福自天来"装饰家居。

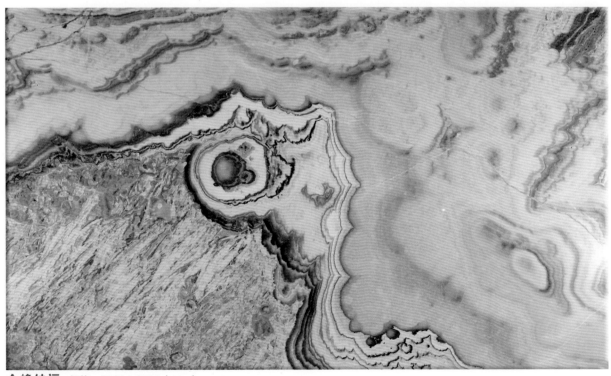

金蟾纳福　规格：2820×1700（mm）

鬼斧神工—**天然石画**

透明大理石自然纹理画

喜庆洋洋 规格：3440×1950（mm）

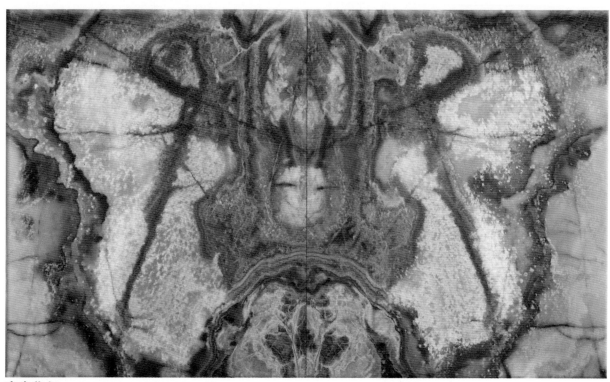

富贵临门 规格：3700×1750（mm）

鬼斧神工——天然石画

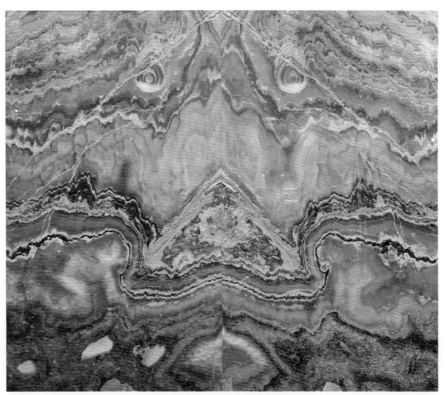

脸谱：图案纹创造的神奇，里面好像有2只眼睛在看着外面。

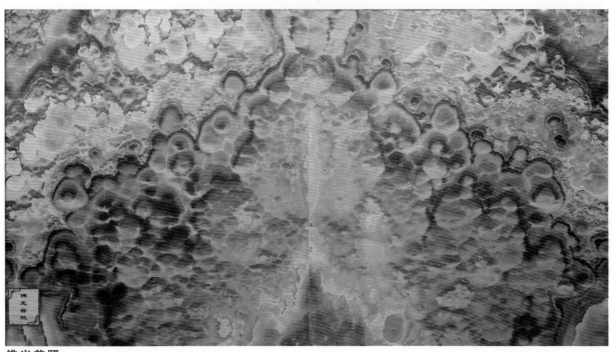

佛光普照

鬼斧神工—**天然石画**

梦幻的石材自然肌理

透明大理石自然纹理画

鬼斧神工——
天然石画

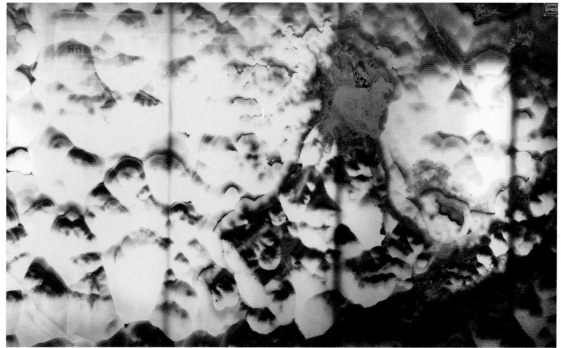

雪山日落

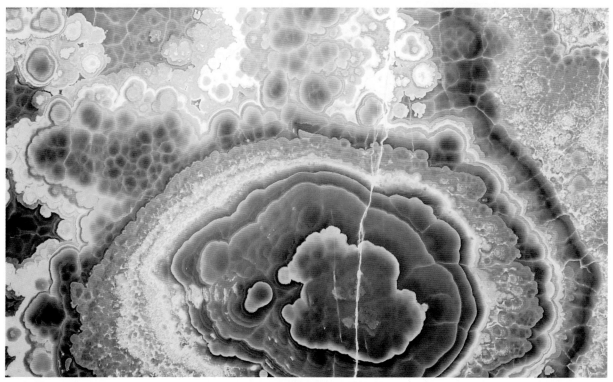

聚宝盆：大理石在形成过程中，由内向外逐渐结晶形成环状的纹理，这样切开之后有盆的图案。适合公司、家居装饰。

鬼斧神工—天然石画

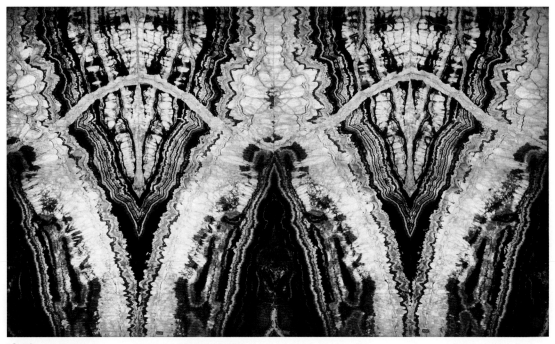

冰川：条条细流归大河，图案具有很强的画面感。

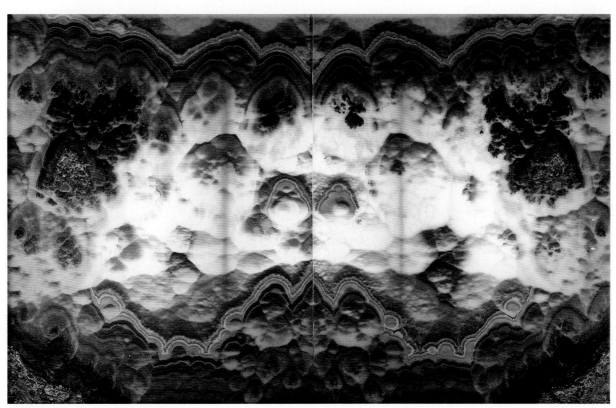

梦幻仙界 规格：2800×2600（mm）

透明大理石自然纹理画

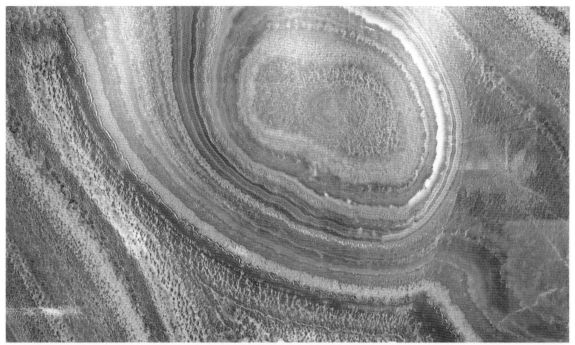

乐在其中 画面色彩和谐自然，姹紫嫣红，观其画面，如小孩玩耍跳圈圈的景象，开心快活，寓意了欣欣向荣和朝气蓬勃。适宜：公司会客厅、会议厅、酒店大堂或家居客厅。石种：红宝石。

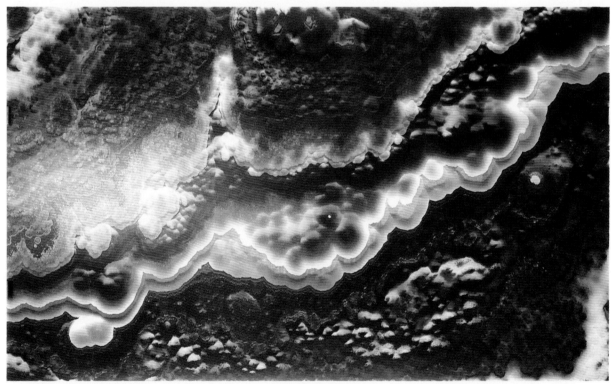

瑰丽： 画面色彩柔和明亮，色泽丰富且有层次感，仿佛颜色在画面上流淌、纵横，千姿奇丽、辉煌。寓意着生活多姿多彩，风采人生。适宜：公司会客厅、会议厅、酒店大堂或家居客厅。石种：红宝石。

鬼斧神工—天然石画

精美的纹理装饰案例

　　自然生成的各种鬼斧神工的纹理，通过设计师的设计、企业认真的加工之后，形成了美轮美奂的艺术效果。

鬼斧神工——**天然石画**

鬼斧神工——**天然石画**

龟纹石

甲骨文装饰的卫浴空间

楼梯接纹

鬼斧神工—**天然石画**

梦幻的石材自然肌理

精美的纹理装饰案例

鬼斧神工——天然石画

流纹花纹装饰的地面

鬼斧神工—天然石画

花岗岩云纹拼接的地面，如同云霞飘逸。

鬼斧神工——**天然石画**

平行纹在空间地面、墙面、地板等的综合装饰。

红檀香花岗岩平行纹理装饰案例

石头的创意——立体雕刻

青石（汉白玉）雕刻

　　福建的青石雕刻有上千年的历史，青石就是火山岩类的辉绿岩。据考察宋代之前的许多古代庙宇、祠堂、古民居的建筑雕刻，都采用了这种色彩暗绿，结构致密、细腻的材料作为福建本地的雕刻材料。福建的惠安、莆田已发展成全国性的雕刻创意产业。青石雕刻并与红砖组合成为闽南古建筑的重要的石构建筑。

　　青石雕雕刻技术难度大，由于材质的硬度高，致密，雕刻起来花费的时间比较多。目前已经由青石雕刻发展到花岗岩系列的雕刻，随着日本市场和欧洲市场的需求，雕刻的创意和水平提高到较高水平。

石头的创意

和和美美：以古典传说的和合二仙为题材来表达一种长久的友情或爱情，采用半圆雕的手法与传统工艺雕塑手法相结合。
作者：苏奎峰，获首届福建省"豪翔杯"工艺品技能竞赛作品金奖。

石头的创意

爵：爵是古代贵族的实用铜器物，更是一种礼器。其高贵优美的造型具有典型的中华文明的艺术审美和科技象征意义。以此作品来表达对我们华夏文化与精神的敬意。作者：谢锦德，获首届福建省"豪翔杯"工艺品技能竞赛作品一等奖。

石
头
的
创
意

《博古》博古雕刻历代以来为闽南传统雕刻的重要题材，先人都以浮雕形式体现。本作品在传统浮雕的基础上加以深化，以圆雕的形式表现，意寓平安吉祥之意。

作者：辛建波 助手：陈添福

获首届福建省「豪翔杯」工艺品技能竞赛作品三等奖。

作者：辛建波
雕手：陈添福

石窗：石窗作为传统建筑的建筑构件之一，其中蕴含着民族智慧与情感，具有文化遗产的历史意义和民族传统与艺术价值。我们的当务之急是尽可能地继承和传承前辈留下的传统工艺。

作者：陈亚伟，获首届福建省"豪翔杯"工艺品技能竞赛作品三等奖。

石
头
的
创
意

梅

兰

竹

菊

石头雕刻、拼画

青石雕刻

石头的创意

吉祥兽： 以现代文明的思维方式，从传统文化中提取精粹之素，以当代主义的视觉表现，重释材质传统的精神意境，将集平安、祥瑞、威武的吉祥兽从东方意象出发，不限于旧时传统的表现形式，又舍取媚俗华丽的造型，形成鲜明又独特的新形象。

作者：辛晓民　获首届福建省"豪翔杯"工艺品技能竞赛作品三等奖。

貔貅： 用现代手工艺和传统技法，把传说中的吉瑞貔貅的辟邪形态和招财进宝的说法体现在作品上。
作者：张凯明，获首届福建省"豪翔杯"工艺品技能竞赛作品二等奖。

石
头
的
创
意

塞外： 采用青石制作，以昭君出关人物为主题，体现了守卫边疆领土以及爱国之心，作品以传统题材结合现代加工手法，表现了南派石雕的技艺和不同的机理。

　　作者：张华达 黄培昆，获首届福建省"豪翔杯"工艺品技能竞赛作品三等奖。

思： 寓意：思念对岸亲人早日团圆，盼望宝岛台湾早日回归祖国。注　莲：年思。月：月想。花心：圣洁无暇。鹭（主人翁）。多少岁月沧桑全写在脸上，画中题字内容：光阴荏苒，一月三秋，惆怅时三分，一股思念之情油然而生。
　　获首届福建省"豪翔杯"工艺品技能竞赛作品三等奖。

石头的创意

知秋：知秋的创意理念是以具有中国传统文化特色的扇子为造型，采用传统和现代相结合的表现手法，通过石雕精雕细刻的加工手段，把具有现代雕刻工艺而又有传统古色古香的作品，呈现给大家。
　　作者：刘伟强　获首届福建省"豪翔杯"工艺品技能竞赛作品一等奖。

留得残荷听雨声：作品为了表现"残荷听雨"的意境，借助传统国画的表现形式及透视方法，在厚1cm的板材上，用浅浮雕的手法进行加工及"手感工艺"的特殊质感处理工艺，是对传统青石浮雕工艺的突破，在构图布局上用心经营，为了使场景层次丰富及提升加工工艺的难度，特意将枯叶、熟叶、嫩叶、残梗及活梗在统一画面上体现出来，增加视觉效果及作品内涵的深度、疏密、节奏，落款印章也都仔细推敲。
　　获首届福建省"豪翔杯"工艺品技能竞赛作品三等奖。

金秋恋：秋风瑟，月无声。只鸟守单影，枯荷听雨声。相守相痴，相恋相依。此情彼景，是不能言，都赋画中吟……

作者：陈明忠　2012年惠安石雕创意比赛金奖。

石头的创意

福满人间：作品取三分雕琢，略其形塑造。无需太多的挥锤开凿，"笑佛"形神便呼之欲出，活灵活现，仿佛弥勒佛仙化成双双凡人，引蝠而至，仙落凡间，洒满人间都是福。

古意窗棂：全部采用仿木镂空雕刻的古典窗棂，结构复杂，古朴。

松鹤延年

花开富贵

石头的创意

石
头
的
创
意

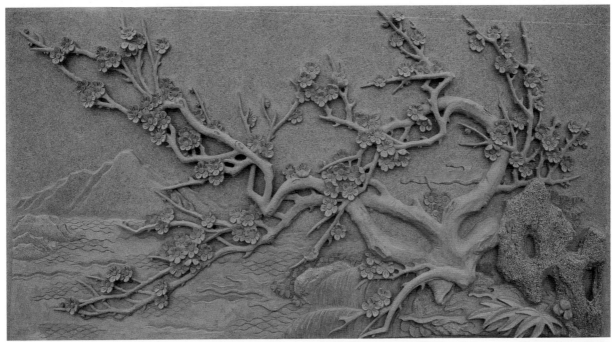

梅花

牡丹

石
头
的
创
意

汉白玉雕刻

汉白玉质地坚硬洁白，石体中泛出淡淡的水印，俗称汗线，故而得名汉白玉。

汉白玉是一种名贵的建筑材料，它洁白无瑕，质地坚实而又细腻，非常容易雕刻，古往今来的名贵建筑多采用它作原料。据传，我国从汉代起就用这种宛若美玉的材料修筑宫殿，装饰庙宇，雕刻佛像，点缀堂室。因为是从汉代开始用这种洁白无瑕的美玉来做建筑材料的，人们就顺口说成了汉白玉。

汉白玉通体洁白，也用于雕刻佛像等，西方从古希腊时代就用白色的大理石作为人像雕刻材料。

从中国古代起，就用这种石料制作宫殿中的石阶和护栏，所谓"玉砌朱栏"，华丽如玉，所以称做汉白玉。天安门前的华表、金水桥，故宫内的宫殿基座、石阶、护栏都是用汉白玉制作的。

洁白的汉白玉成为现代雕刻创意材料的新载体，利用现代的工具，艺术家们创作了更加精美的作品。

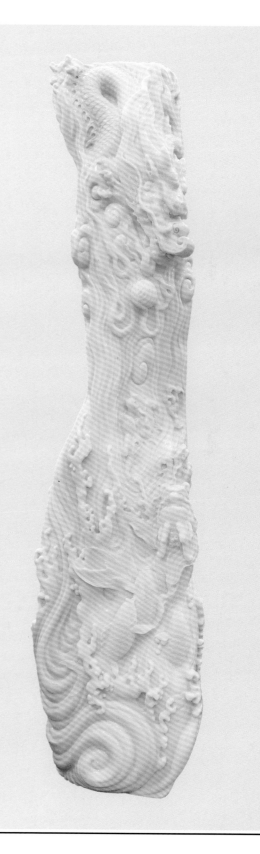

石头的创意

佛祖说法

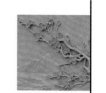

佛祖

石头的创意

石头的创意

佛祖

金陵十二钗

飞天新意

石头的创意

石
头
的
创
意

疑惑：以纯净洁白的汉白玉为材质，用写实的雕
刻手法生动地刻画出小男孩天真疑惑的表情。
　　作者：陈纪明

出水芙蓉

石
头
的
创
意

和合

掌中宝：以纯净洁白的汉白玉为材质，用写实的雕刻手法生动地刻画出男婴在温暖的手掌中满足安静的状态。

作者：陈少东，获首届福建省"豪翔杯"工艺品技能竞赛作品二等奖。

和合：二仙系我国传说题材，在人们心中占有相当的位置。本作品选用汉白玉制作，其具有洁白、温润、高雅等特性，集自然之精华，采用传统雕刻手法塑造男女孩童的童真，呈现《和合》儿童的笑之欣喜，和之富贵、和之智慧，二者和合之人生成功基本，表表达《和合》作品之意。

作者：廖诗卿　获首届福建省"豪翔杯"工艺品技能竞赛作品三等奖。

石
头
的
创
意

情结：眼见为石，天人合一。以视觉和触觉的感觉切换，将人文与自然、感性与理性、柔美与坚硬、冲突与和谐等视觉元素加以整合，诉求表现石艺之柔美。

作者：陈文海，获首届福建省"豪翔杯"工艺品技能竞赛作品三等奖。

徨：反映全球气候变暖温室效应题材。彷徨无奈，用忧郁、悲伤、暗淡的眼神极力向前望……作品用简洁的表现手法给人无限的想象空间及精致的纹理韵味。地球是人与万物的家园，同时提醒人们要热爱家园，保护自然。

获首届福建省"豪翔杯"工艺品技能竞赛作品三等奖。

五子戲佛
古韻石林

材质：木化玉　　规格：40×38×58cm

作品五子戏佛，描述五个孩子与弥勒佛嬉戏玩耍，人物形态可爱，做工精致，细致的雕刻加上木化石的天然神韵形象、生动，寓意祥和美好的幸福生活。

古銘石材
GUMING STONE

公司简介 Company profile

　　福建省惠安县崇武古铭石材装饰有限公司是一家集设计、生产、安装石雕艺术作品与建筑异型材料为一体的专业石材公司。公司创立于1990年，位于著名的石雕之都——惠安崇武。公司占地面积约15000平方米，车间面积6000多平方米，各种机械设备具全。公司拥有一批经验丰富的高级技术人才，并且严格要求产品品质，使之成为珍贵、独特的艺术作品，进而提升企业的综合水平。公司主要承接寺庙古建雕刻、园林景观、建材装饰工程、石雕工艺等。随着公司业务的不断拓展，现已开辟了新的雕刻领域——玉雕。木化玉具有极高的观赏价值，色彩斑斓、温润腻手，因其的不可再生性，显得尤其的珍贵。我司拥有丰富的木化玉储量，能确保市场的需求。

　　我们提供一切便利，为您创造更加美好、优雅的家园环境！昨日之辉煌源自先进技术装备优秀人才资源的优化组合，明天的古铭将以开拓、创新、诚信的经营宗旨与业界人士双赢合作，共创更加美好的未来！

Fujian Huian Chongwu Guming Stone Decoration Co.Ltd is a professional stone company, gathering design, production, stone carving artworks and architecture deformed material installation as a whole. The company was founded in 1990, located in the famous stone country–Chongwu, Huian. Our company covers an area of about 15000 square meters, and the workshop area is more than 6000 square meters,with all kinds of equipment. The company has a group of experienced senior technical personnel, and strict product quality, which make it become the precious and unique artworks, and promote the enterprise's overall level. Our company mainly undertakes ancient temple carvings, garden landscape, building decoration engineering, stone carving process, etc. With the continuous expansion of the company's business,we have opened up a new field of carving––jade carving. Petrified wood has a very high ornamental value, colorful, gentle, and because of its non–renewable,is especially precious. Our company has rich petrified wood reserves, can ensure the need of the market. We provide all the convenience for you to create a more beautiful and elegant environment. Yesterday's brilliant was from advanced technology and equipment, talents resources optimization combination, Guming tomorrow will take development, innovation and good faith management principle to have win–win cooperation with you to create a better future!

公司主要承接寺庙古建雕刻、园林景观、建材装饰工程、

大型石雕工艺等……

神韻

觀音頭像
古銘石材

材质：木化玉　　规格：47×38×72cm

观世音菩萨一直以来受到世人的景仰与膜拜，而以木化石雕刻而成的观世音头像，神态庄严，隐约之中透露着仙韵。作品形象逼真，眉目慈祥，导人向善。

童子拜觀音
古銘石材

材质：木化玉　　规格：50×30×46cm

诗云：春村童子惯虚心，五十三参道已深。为了洞明微妙法，黄山又拜古观音。一个感人的神话故事被活灵活现的演绎。作品采用深沉雕的技艺，整幅画作线条柔和顺畅，人物特点栩栩如生。

古銘石材裝飾

GUMINGDECORATIVE STONE

福建省惠安县崇武古銘石材装饰有限公司
FUJIAN HUIAN GUMING STONE DECORATIVE CO.,LTD.

Add: 福建省惠安县崇武峰前下店
Tel :0086-595-87680064
Fax:0086-595-87682264
展厅：福建省惠安县崇武镇赤峰林场
Tel :**0086-595-87691868**
E-mail:guming123@vip.163.com
msn:sjzhxss@hotmail.com
http://www.gumingstone.com

玉石雕刻

伊朗、阿富汗、土耳其、巴基斯坦等国家大量开采出火山岩型的白色、黄色、绿色、红色大型玉石材料及南美、非洲等国家进口到中国大量的优质透明大理石、半宝石料。中国雕刻能手得以选用这些材料进行创意和雕刻，本文选用一点案例作为该类艺术的精品欣赏。

石头的创意

石头的创意

吉绿满堂: 青玉俏色，利用绿色的玉石雕刻成葡萄，
褐色料雕刻成竹篮，惟妙惟肖。
云浮，梁建坤，金奖。

侧面

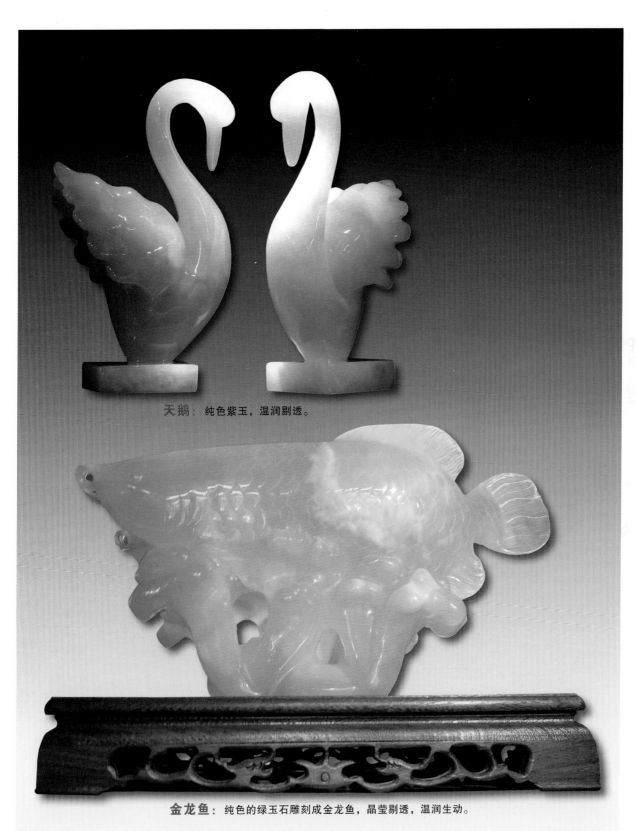

天鹅：纯色紫玉，温润剔透。

金龙鱼：纯色的绿玉石雕刻成金龙鱼，晶莹剔透，温润生动。

石头的创意

石头的创意

金龙鱼：花色的巧妙仿生雕刻应用，作品惟妙惟肖。

金丝

白玉

玉包金：金丝玉瓶，透明如白玉，
金丝侵染在玉石中，寓意好。

石
头
的
创
意

茶叶罐：色彩层理多层，器形饱满。

双福瓶：瓶肚红色色彩，在中国寓意吉祥、富贵，
福禄双福瓶，深受藏家喜爱。

层状差异的色彩，加工之后，
瓶肚上有美丽的图案。

石头雕刻、拼画

玉石雕刻

石头的创意

玉石通过切开，有些形成很奇妙的图案，虽然很小，但可以以小见大，看到一个不同的世界。

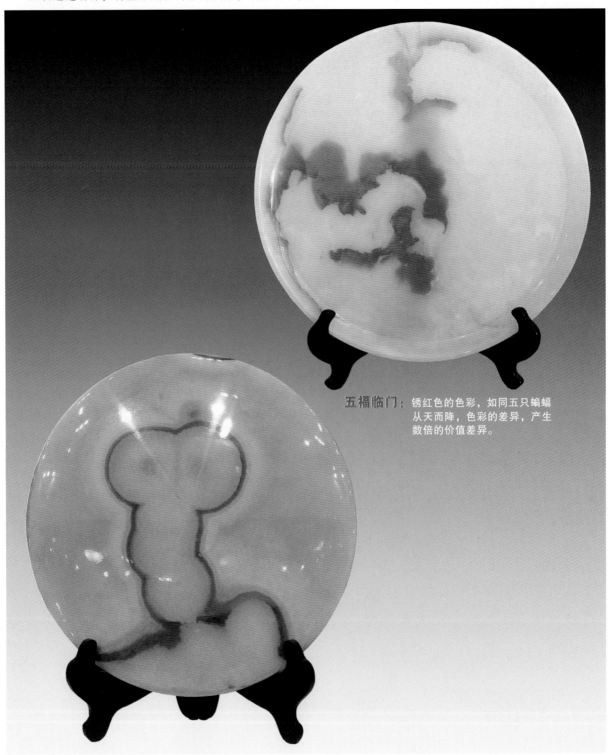

五福临门：锈红色的色彩，如同五只蝙蝠从天而降，色彩的差异，产生数倍的价值差异。

图案石

枯木逢春：黄褐色料雕刻为枯木，白玉雕刻为蘑菇
优秀奖，作者：吴志钧。

石头的创意

秋荷蟹韵：优秀奖，作者：陈深泉。

石头的创意

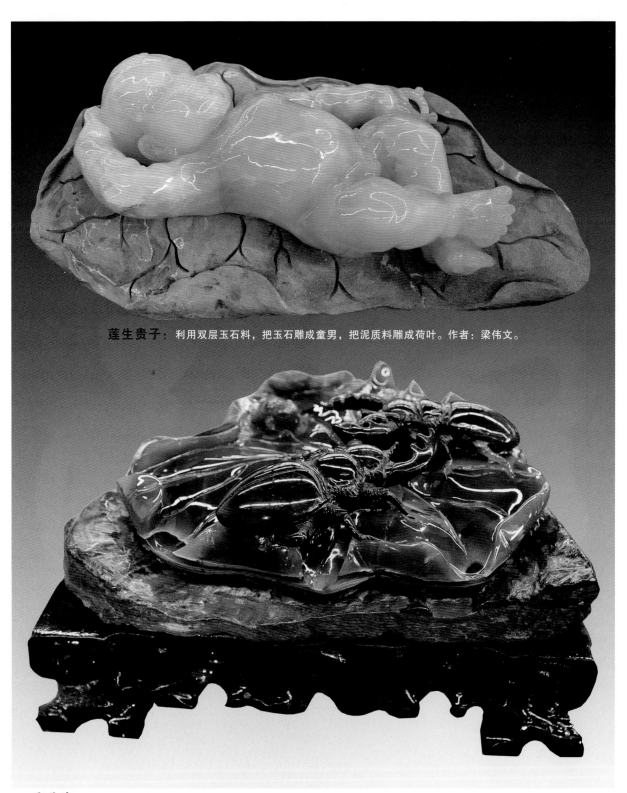

莲生贵子：利用双层玉石料，把玉石雕成童男，把泥质料雕成荷叶。作者：梁伟文。

和为贵：古青玉雕成青绿色的荷叶，锈色的雕成甲壳虫，褐色的泥质岩雕成荷叶所处的泥潭。铜奖，作者：王水万。

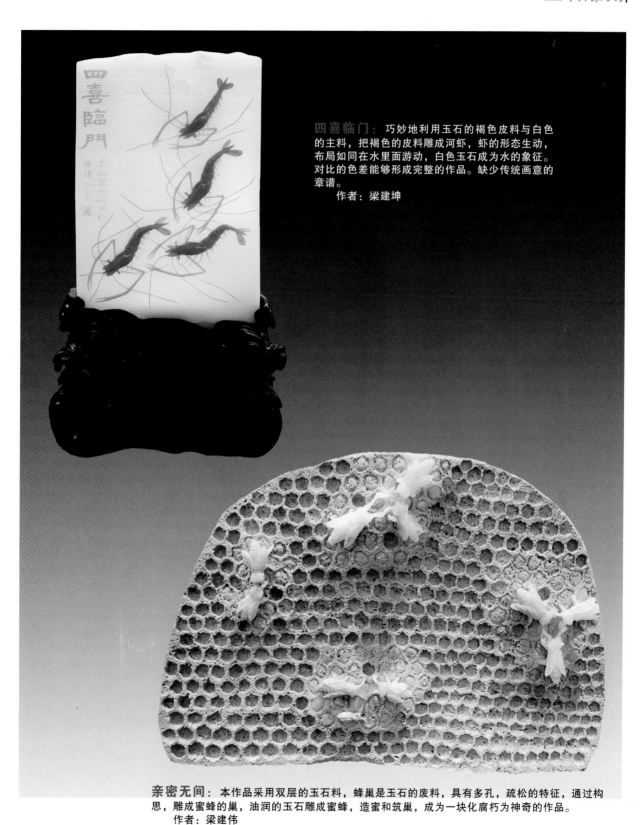

四喜临门：巧妙地利用玉石的褐色皮料与白色的主料，把褐色的皮料雕成河虾，虾的形态生动，布局如同在水里面游动，白色玉石成为水的象征。对比的色差能够形成完整的作品。缺少传统画意的章谱。

作者：梁建坤

亲密无间：本作品采用双层的玉石料，蜂巢是玉石的废料，具有多孔，疏松的特征，通过构思，雕成蜜蜂的巢，油润的玉石雕成蜜蜂，造蜜和筑巢，成为一块化腐朽为神奇的作品。

作者：梁建伟

石头平面拼画

　　文化与石头的结合，特别是在平面方面，把传统的油画、中国画等用石材的各种色彩来表现，实现人们对生活和信仰的一种精神理念的向往和积极的心路，人们把各种意念，通过不同的石材材质和各种石材的加工方法，组成变化万千的画面，装饰在墙面和地面上。

石头的创意

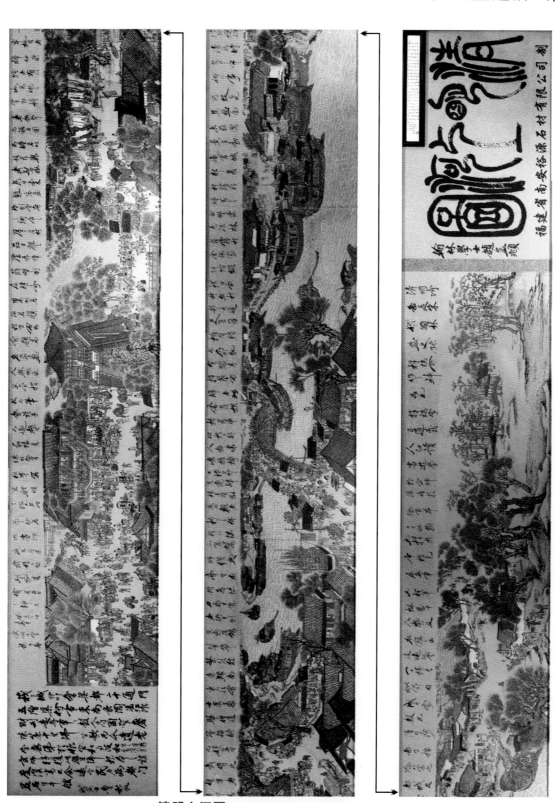

清明上河图，采用石子拼成的巨幅中国历史名画。

大型主题拼画

石头的创意

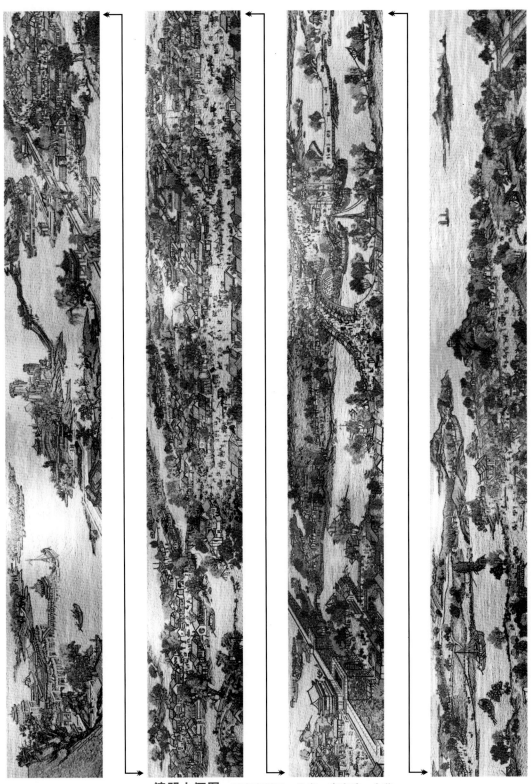

清明上河图，马赛克拼画，作者：李家浩，金奖

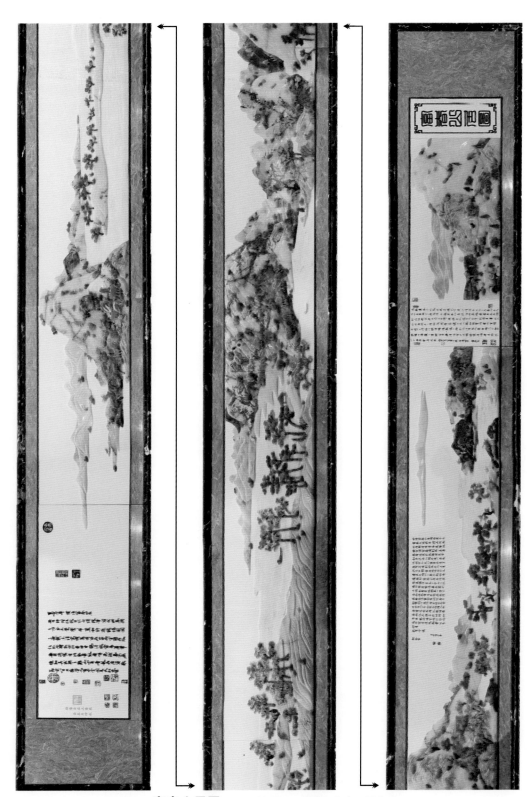

富春山居图，玉石粘贴画，银奖，作者：吴伟民

石头的创意

石
头
的
创
意

百马图，砂岩雕刻。

花岗岩镶嵌和粘贴画

相对与其他石材品种，花岗岩的硬度较大，加工起来难度和成本较大，所以，花岗岩采用镶嵌和粘贴艺术处理手法就会少了一些难度和成本。

石头的创意

石
头
的
创
意

和谐

美满

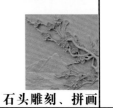

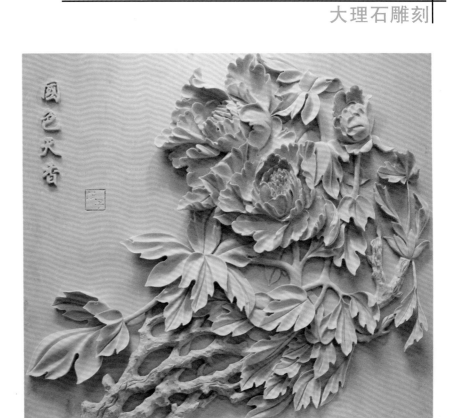

国色天香，银奖，作者：潘斌强。

牡丹花，灵动，铜奖，作者：冯创平。

大理石雕刻

石头的创意

岁岁平安

富贵神仙

石头的创意

米黄色大理石雕刻的街景风情画面

纯红色大理石雕刻笔画，花开花落。

海底世界

石头的创意

丘比特

鱼乐图

石头的创意

喜上眉梢：以米黄色大理石大板为大"画板"，用其他的各种色系的大理石、玉石拼出花、鸟、鱼、虫等画面。

石头雕刻、拼画

大理石镶嵌画

仿中国画

石头的创意

双鹤飞舞

秋意之一

秋意之二

仿版画

图案二

　　黑白影的版画，白色的大理石如同天空的背景，丝状的纹理好像是风沙、流云的表现方式，黑色为大地、小狗，对比强。

图案三

石头的创意

仿油画

石头的创意

图案二，作者：覃君。

威尼斯：这是一副参考威尼斯油画拼成的石头画，远处天空的云彩采用爵士白和淡绿色的石材表现。建筑物丰富的色彩采用多色的大理石表现，下面是海水和在阳光照射下的波浪及摇曳的"贡多拉"，图案生动。

作者：覃军

大理石粘贴的立体画

翩翩飞碟: 多色大理石立体粘贴的壁画,各种色彩与真实的花、草、鱼、虫相近。

石头的创意

汽车

鹅掌花

拿破仑

石头的创意

书法壁画

大理石粘贴的立体画

八骏腾飞

双龙戏珠

向日葵，铜奖，作者：覃军。

水果静物，铜奖，作者：区小洪。

石头的创意

倒影，银奖，作者：梁振林。

石
头
的
创
意

山水画

虎虎生威

插花

大吉图

向日葵

迎客松：作品采用天然大理石马赛克拼成国画，特征是色彩对位，色彩渐变应用做的好，同时达到透视的效果。作者：覃军

石头的创意

石头的创意

门神：一门正气，作者，严海燕、梁建坤。

西宝鸡市青铜器博物馆（2012年鲁班奖）

石，您身边的石材专家

陕

溪石

武汉汉口江滩广场（2004 年鲁班

石头的创意

迎客松

万里长城

石头的创意

益寿延年

年年有余

梅

兰

菊

竹

石头的创意

石
头
的
创
意

滴水观音

貂蝉拜月

石头的创意

欢喜自在，银奖，作者：区小洪。

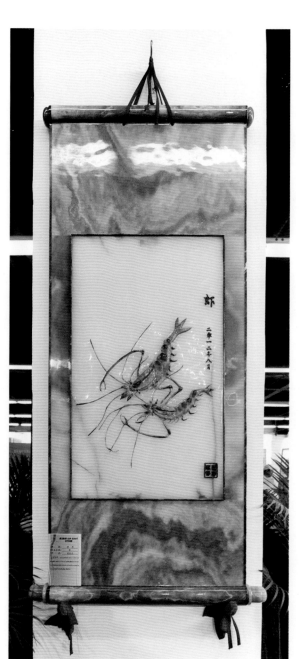

虾，银奖，作者：梁浩杰。

石头雕刻、拼画
玉石拼画

石
头
的
创
意

江山如此多娇，优秀奖，作者：孔令理。

万里雄峰：白色玉石成为云雾的象征，绿色有多种色渐变，远处由于透视和远距离，采用淡绿色，而近处则采用浓绿色，表现山景的植物茂密，同样采用褐色和浅黄等色系的玉石，也把山峰表现得多种多样。作者：孔祥雄。

大地春回

石头的创意

石头的创意

春满人间福满堂

春满神州，优秀奖，作者：吴伟民。

莺歌燕舞，银奖，作者：孔令理。

石
头
的
创
意

锦绣中华：采用白底的大理石做底板，粘贴玉石创意画。

松鹤延年

影　雕

　　影雕采用墨玉、山西黑等纯色石材，经过水磨抛光后，在磨光面上把要雕琢的图像轮廓描绘出来，根据黑白明暗成像原理，用特制的与针一样细小合金钢头工具，通过运用腕力调节针点疏密粗细、深浅和虚线变化而表现图像。影雕既有摄影光学同等艺术效果又能体现绘画笔触技法，独具艺术神韵。在现代科技日新月异的今天，石刻影雕作为传统手工精心雕作的工艺品，愈彰显其价值，而且克服了像片图画年久会发黄褪色的缺点，可永久保存。

石头的创意

石头的创意

红梅颂

唐伯虎山水画

石头雕刻、拼画
影雕

石头的创意

石头的创意

博古

石材表面处理

　　石材表面处理在现代石材装饰上具有很重要的作用。板材是表面装饰材料的重要组成元素，现在建筑装饰，除了色彩和形体装饰之外，各种装饰板材、装饰构件的表面经过磨光、凹凸、仿古、纹样等处理，可以达到不同的表现效果。所以，表面处理成为装饰的重要手法之一。

石
头
的
创
意

石
头
的
创
意

大理石表面凹线处理，具有更强的装饰性。

起伏的齿轮面

从断面看，是万寿红与米黄大理石复合之后，再进行的沟槽处理，这样的工艺就是比较复杂的处理。

石
头
的
创
意

电波线形

波浪形

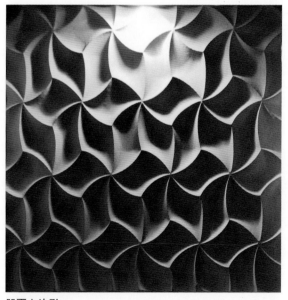

凹面六边形

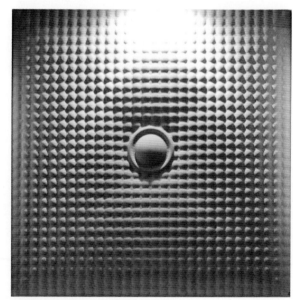

乳钉形

石
头
的
创
意

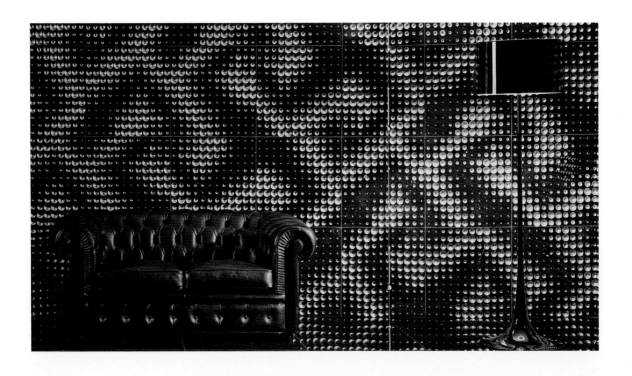

（本页由好功夫雕刻供稿）

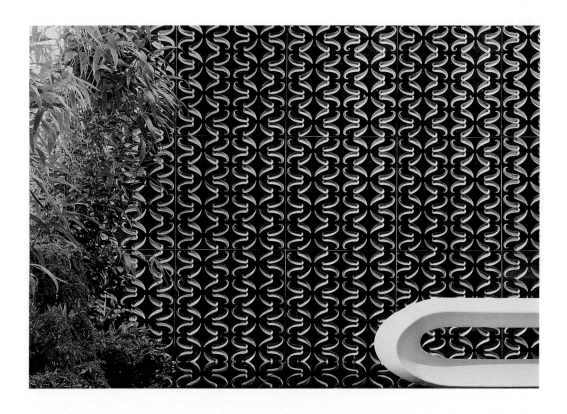

石
头
的
创
意

（本页由好功夫雕刻供稿）

石
头
的
创
意

（本页由好功夫雕刻供稿）

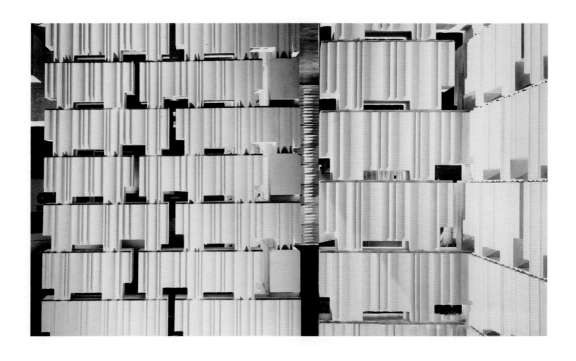

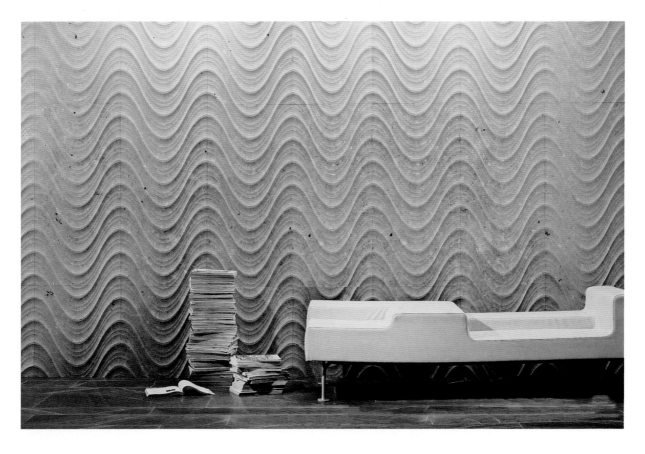

（本页由好功夫雕刻供稿）

石
头
的
创
意

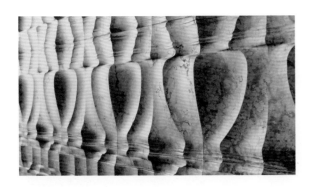

（本页由好功夫雕刻供稿）

造型设计创意

石材为生活提供无穷的创意，只要用心策划，生活到处都是美的。

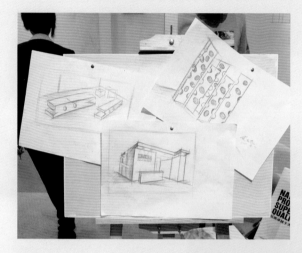

创意：21世纪的企业发展主流！

一张桌椅，无穷创意，生活的创意案例！

我们生活在一个信息，文化爆炸的时代，没有一个创意的氛围，没有一个创意的生活空间，我们感觉到生活很单调，我们感觉到生活失去前进的动力；创意就是把很普通的事物变成很有变化的内容，并且能够激发人们的生活热情和梦想。

石材创意与生活

石
材
创
意
与
生
活

馒头形椅子

背景设计成珊栏状，座椅成斜坡延伸，感觉舒展，宁静。

石材创意与生活

夸张的大浴盆及洗手盆，巨石的加工。

石头创意产品

石材创意与生活

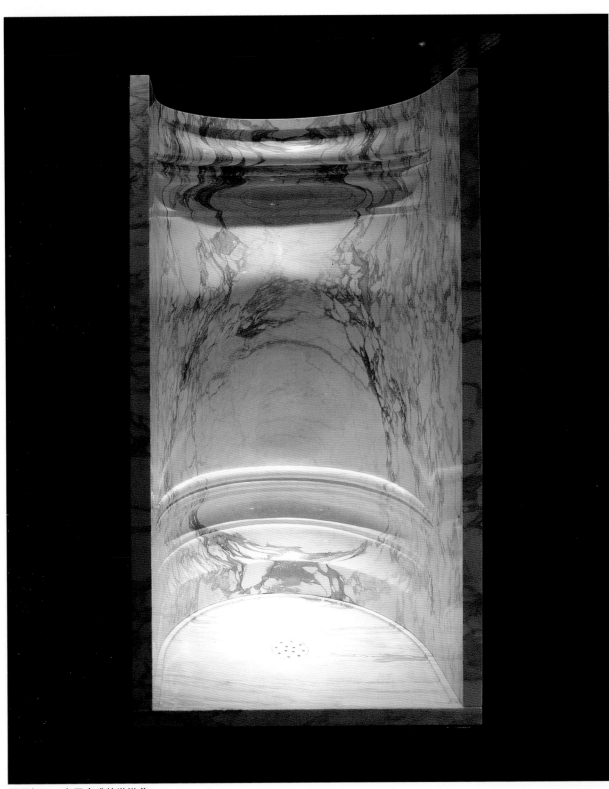

巨石加工，有层次感的淋浴盆。

石
材
创
意
与
生
活

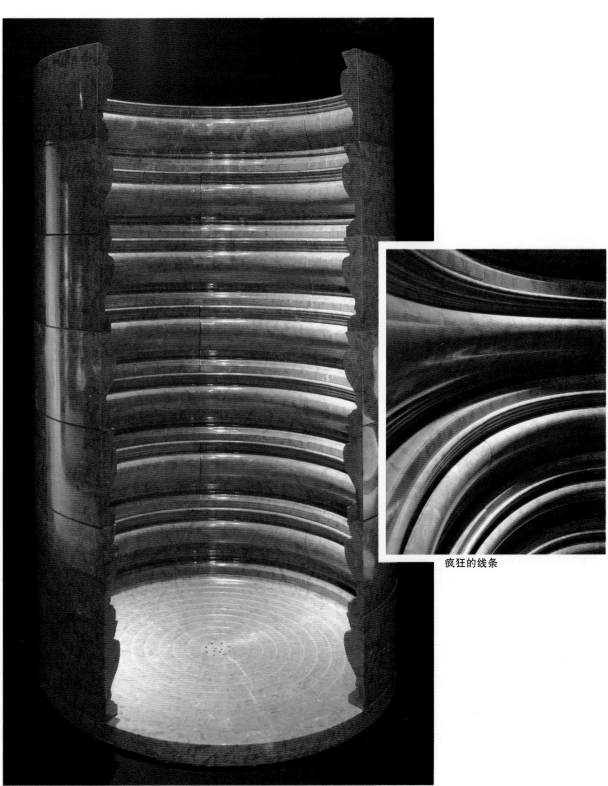

疯狂的线条

巨石加工成螺纹状线条夸张的淋浴房，体现加工的技术。

石材创意与生活

优雅的大浴盆，古典美的再次演绎。

石
材
创
意
与
生
活

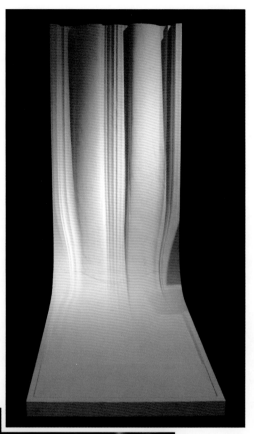

线条装饰的淋浴墙壁

线条、线条，重复的组织成为新工艺的元素。

石材创意与生活

从古典美中简化出现代式美感的大浴盆

石头创意产品

卫浴

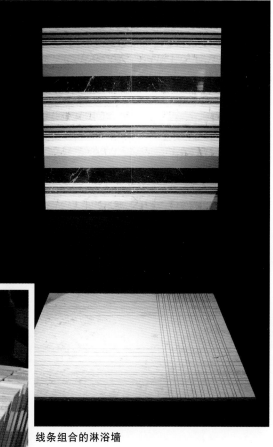

线条组合的淋浴墙

卫浴躺椅，片状组合的加工，改变单独整块或者架状的结构特征。

石材创意与生活

· 211 ·

石
材
创
意
与
生
活

超豪华古典卫浴，卫浴中加入柱、线条、拼花等装饰元素，把一个简单的空间装饰得富丽多彩。

石头创意产品

超级奢华卫浴

石材创意与生活

奢华的卫浴，洗手盆雕刻精美，柱式装饰，大平台放置台，构成及其富丽的空间。

纹样的表面处理把空间变得多样和富丽

石
材
创
意
与
生
活

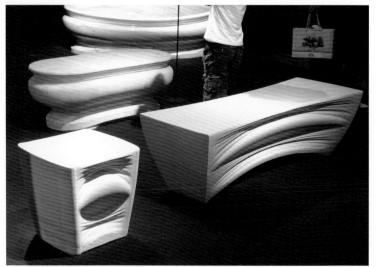

笑脸的椅子

屏风加工工艺示意图

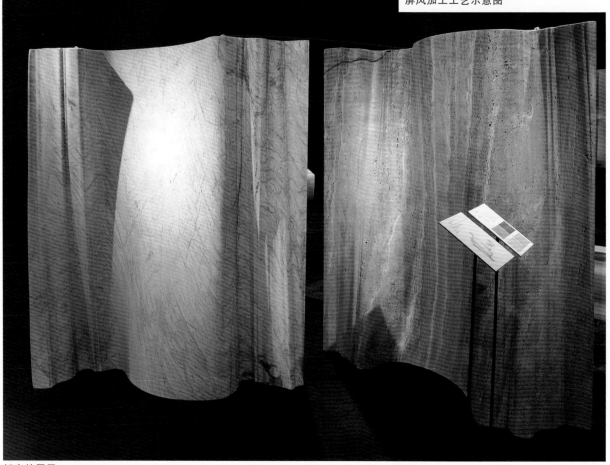

折变的屏风

石材创意与生活

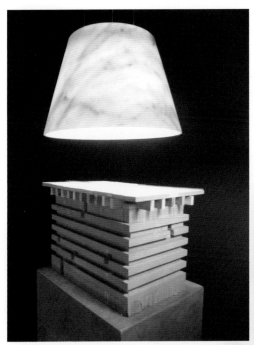

白色大理石加工成灯罩，透出柔和温馨的光泽。

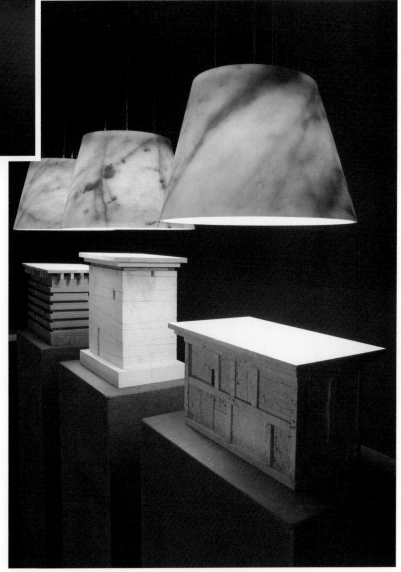

石头掏空，做成超薄的灯罩壁，透出的光柔美高贵。

石头创意产品

异型墙面

石材创意与生活

墙面利用石材竖向排列，加工成波浪凹凸的墙面，体现加工的精美和精密。环球石材供稿。

ICS 97.195
Y88

DB35

福 建 省 地 方 标 准

DB35/T 1263—2012

石雕石刻制品

2012−07−23 发布　　　　　　　　　　　2012−10−20 实施

福建省质量技术监督局　　发 布

前　言

本标准按GB/T 1.1-2009给出的规则进行编写。

本标准由惠安县石雕石材同业公会提出。

本标准由福建省经济贸易委员会归口。

本标准主要起草单位：惠安县质量技术监督局、惠安县石雕石材同业公会、惠安雕刻艺术研究会。

本标准参加起草单位：福建豪翔园林建设集团、福建磊艺石业有限公司、福建共荣建筑装饰工程有限公司、福建腾飞园林古建筑有限公司、福建鼎立雕刻艺术有限公司、福建日晟园林古建筑有限公司、泉州大唐石刻有限公司、福建荣发石业有限公司。

本标准主要起草人：刘国文、连凤清、陈玉桂、蒋细宗、李肖男。

石雕石刻制品

1 范围

本标准规定了石雕石刻制品的术语和定义、等级与分类、要求、试验方法、检验规则和标志、标签、包装、运输、贮存。

本标准适用于天然石材雕刻加工的石雕石刻制品。

2 规范性引用文件

下列文件对于本文件的应用是必不可少的。凡是注日期的引用文件，仅所注日期的版本适用于本文件。凡是不注日期的引用文件，其最新版本（包括所有的修改单）适用于本文件。

GB/T 191　包装储运图示标志

GB 6566　建筑材料放射性核素限量

GB/T 9966.6　天然饰面石材试验方法　第6部分：耐酸性试验方法

GB/T 13890　天然石材术语

GB/T 24264　饰面石材用胶粘剂

3 术语和定义

GB/T 13890确立的以及下列术语和定义适用于本标准。

3.1

石雕石刻制品

指用各种天然石质材料雕刻而成的产品。

3.2

圆雕

可供各个方向观看的立体雕刻品。

3.3

浮雕

图样突出于石料表面，利用透视规律对形体进行一定比例空间压缩的石雕石刻制品。根据不同突出的高度，可分为高、中、低浮雕。

3.4

沉雕

图样低于相对平整的平面上，向下雕凿的石雕石刻制品（含阴刻和线刻）。

3.5

透雕

采用镂空、穿透的手法制作的石雕石刻制品。

3.6

影雕

在磨光的深色石材表面，凿绘出粗细、疏密不同的微点，组合成不同色调、层次的图像。

3.7

彩石镶拼雕

由二种以上颜色的石材拼镶或嵌入雕刻而成的石雕石刻制品。

3.8

图样

制作雕刻的图纸或模型。

3.9

光面

表面光滑，具有光泽的加工面（镜面、哑光面等）。

3.10

细面

表面细腻无光泽的加工面（机切面、磨砂面等）。

3.11

麻面

在相对平整的石材表面上，再次匀整加工的面（荔枝面、龙眼面、剁斧面、火烧面、水洗面、砂粒面等）。

3.12

粗面

采用各种加工方法制作的糙面（劈开面、磨菇面、菠萝面等）。

3.13

高度

石雕石刻制品常规摆放外形上下最大垂直距离。

3.14

宽度

石雕石刻制品常规摆放外形左右最大水平距离。

3.15

厚度

石雕石刻制品常规摆放外形前后最大水平距离。

4 等级与分类

4.1 按石雕石刻制品的外观质量分为 A 级和 B 级。

4.2 按工艺类型分为：圆雕、浮雕、沉雕、透雕、影雕、彩石镶拼雕。

4.3 按表面肌理分为：光面、细面、麻面、粗面。

4.4 按外形尺寸分为：特大型、大型、中型、小型、微型，各种类型应符合表 1 中体积、三维尺寸或表面雕刻面积的其中一项要求。

表 1 外形尺寸

类 型	体积、三维尺寸	表面雕刻面积
特大型	V＞30m³，三维中其中一维≥10m	S＞200 m²
大型	10m³＜V≤30m³，三维中其中一维＞6m	100 m²＜S≤200 m²
中型	2m³＜V≤10m³，三维中其中一维＞2m	10 m²＜S≤100 m²
小型	0.05m³＜V≤2m³	0.5 m²＜S≤10 m²
微型	V≤0.05m³	S≤0.5 m²
注：V为石雕的体积；S为石雕表面积。		

5 要求

5.1 原料要求

5.1.1 原材料应符合相应标准的要求。

5.1.2 产品允许技术性粘接，所用胶粘剂应符合 GB/T 24264 的规定。

5.2 尺寸允许偏差

产品的尺寸允许偏差应符合表2规定。

表 2 尺寸允许偏差

类 型	A 级（%）	B 级（%）
特大型	±0.8	±1.5
大型		
中型	±1.0	±2.0
小型		
微型		

5.3 外观质量

5.3.1 外观质量要求

产品的外观质量等级应符合表3规定。

表 3 外观质量

项目	A 级	B 级
外形要求	特征明确、形似、无残留的机切割痕迹、无影响外观缺陷，符合图样要求	形似、无明显影响外观缺陷、无明显机切割痕迹、符合图样要求
平顺度	手触顺畅	视觉顺畅
裂纹	不允许	主要部位不允许，每个立面限一处且长度不大于单体三维尺寸的4%
色斑	主要部位不允许	不明显影响整体外观
色差	主要部位不明显，其他部位不影响外观，天然纹理材料例外	不明显影响外观效果，天然纹理材料例外
色线	不允许，天然纹理材料例外	主要部位不允许，天然纹理材料例外
凹坑	不允许	主要部位不允许，其他部位不明显影响外观
棱角缺陷	不允许	主要部位不允许，其他部位不明显影响外观

5.4 力学性能

具有承重作用的产品，应符合力学性能设计的要求。

5.5 耐酸性能

室外使用的产品，原料经二氧化硫气体腐蚀后的物理性能应符合表4的规定。

表 4 耐酸性能

项目	要求
镜向光泽度下降率 %	≤20
表面特征变化	不得出现明显的坑窝和锈斑

5.6 放射性核素

室内摆设、装饰用的产品其放射性核素限量应符合GB 6566 中规定的A类装饰材料指标要求。

6 试验方法

6.1 材质

材质按相应的标准进行检验。

6.2 尺寸允许偏差

用能够满足测量精度要求的量器具，分别测量石雕石刻制品的高度、宽度、厚度尺寸，计算测量值与标称值的偏差。

6.3 外观质量

6.3.1 外形检验

在能够观看到产品全貌的最近距离处，目测外形质量。

6.3.2 裂纹、色斑检验

在距离产品1.5米处目测。

6.3.3 粘接缝检验

采用手触、目测的方法进行检验。

6.4 耐酸性能

耐酸性能按GB/T 9966.6规定的试验方法进行。

6.5 放射性核素

按GB 6566 规定的方法进行。

7 检验规则

7.1 出厂检验

7.1.1 检验项目

按本标准5.2、5.3的规定逐项进行。

7.1.2 组批

同一材质、工艺、规格尺寸、等级为一批，单一产品独立成批。

7.1.3 抽样

产品为全数检验。

7.1.4 判定

单件产品的所有检验结果均符合要求中相应等级时，则判定该产品符合该等级。否则判定该批不符合该等级。

7.2 型式检验

7.2.1 检验项目

按本标准条款5的要求。

7.2.2 检验条件

有下列情况之一时，进行型式检验：

a) 新建厂投产；

b) 生产工艺有重大改变；

c) 正常生产时，每一年进行一次。

7.2.3 组批

同出厂检验。

7.2.4 抽样

产品尺寸偏差、外观质量项目为全数检验，其余项目的样品从检验批的材料中随机抽取并制取双倍的样品。

7.2.5 判定

所有检验结果均符合条款5相应要求时，则判定该批产品合格；耐酸性能、放射性核素有一项不符合条款5相应要求时，利用备样对该项目进行复检，复检结果合格时，则判定该批产品以上项目合格；否则判定该批产品为不合格。其他项目检验结果的判定同出厂检验。

8 标志、标签、

产品的包装箱上应标明：产品名称、规格型号、执行标准号、出厂日期、厂名、厂址和堆码重量极限等包装储运图示标志，包装储运图示标志应符合GB/T 191的规定。

9 包装、运输与贮存

9.1 包装时按石雕石刻制品的规格、等级、品种分别包装，并附产品合格证。

9.2 产品在运输中应轻装、轻吊，防止重甩、碰撞、滚摔和污染。

9.3 产品应贮存在无腐蚀性物质的场所，保证产品完整性。

精 雕 细 刻 ， 企 业 文 化 ！

福建四通石材有限公司
CHINA(FUJIAN)STONES INC.
(Specialist Manufacturer of Stone Products for Projects.)

● 四通石材是专业的工程石材生产商，工程案例遍及中国各省和世界各地。

福州火车南站，鲁班奖
Fuzhou South Train Station, LuBan Prize

● 四通石材代表着品质、价值、环保和精益求精。

英国13幢建筑
13 buildings in UK

香港迪斯尼乐园工程
Hongkong Disneyland

坦桑尼亚议会大厦（国家标志性建筑）
Tanzania Congress Building
(National landmark)

● 四通石材地处中国最大的石材生产基地——福建。

美国哈佛大学洛克菲勒中心
Harvard University, Rockefeller Hall

澳大利亚企业大楼
Office building in Australia

以色列保险公司总部大楼
Israel Insurance Group headquarter

China (Fujian) Stones Inc. is specialist manufacturer of stone products for projects.

公司总部：福建福州华林路338号福城大厦东区24层

总机Tel：　0086-591-87601540

传真Fax：　0086-591-87530384

www.chinastones.com　www.bistones.com

info@chinastones.com　info@bistones.com

Our Mission:
To provide stone of impeccable quality
so your masterpiece will last 100 years.

莆田市玉泉建材有限公司

PUTIAN YUQUAN BUILDNG MATERIAL CO., LTD

地址 /Address：福建省莆田市仙游县枫亭镇工业区
Putian city in fujian province XianYouXian fengting town industrial area
电话 /Tel：+86-594-7673566 7628999
传真 /Fax：+86-594-7673266
网址 /Web site：http://www.sy-stone.com
电子邮箱 /E-mail：info@sy-stone.com yq@sy-stone.com

佛罗伦萨 FLORENCE

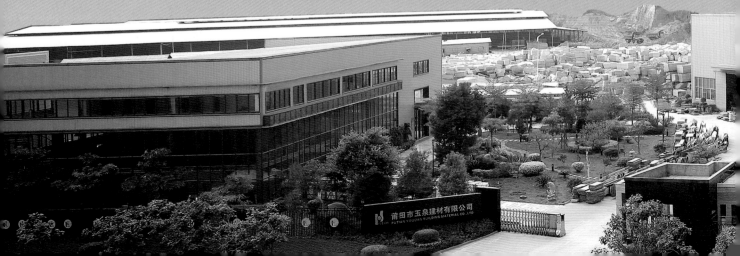

自有矿山·工厂

G686 罗莎贝塔 ROSA BETA

莆田锈 PUTIAN RUS

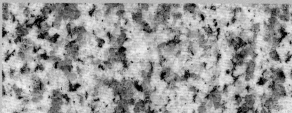

G655 中国稻田白 CHINESE INADA

银狐 SILVER FOX

黑冰花 BLACK PEARL

绿珍珠 GREEN PEAL

富田石材制品有限公司成立于1992年，位于中国"文化名邦"莆田市，是专业生产各类石材产品和承建各类大型古建筑、雕像、市政园林工程的大企业。其产品畅销全国各地，并出口日本、韩国、泰国、台湾、香港等国家和地区，深得国内外客户的赞誉。

公司承建的石制品工程有日本德岛地区儿童公园内17座花岗岩雕塑；泰国万佛宝塔全部石雕佛像及建筑用石材；台湾南投县慈善宫妈祖庙全套青石浮雕、佛像雕刻及栏杆平雕；台南永康市地藏城（影视道场）全部石雕建筑；浙江省普陀山南海观音道场的牌楼、大型照壁、佛像雕塑、栏杆等所有石制品的设计、加工及安装；吉林北山关帝庙全部石雕佛像及工程所需全套石雕建筑；广西桂林栖霞寺汉白玉观音像及工程所需全套石雕、石材；杭州西湖公园及京杭运河杭州段石材雕刻栏杆，宁波七塔寺，天台山国清寺等所需石材制品。

公司的宗旨：以质量求生存，以信誉求发展。

富田石材制品有限公司愿与海内外朋友精诚合作，共创辉煌！

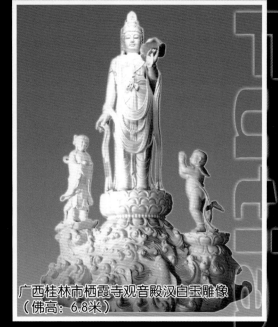

广西桂林市栖霞寺观音殿汉白玉雕像（佛高：6.8米）

普陀山大型石煌式浮雕（60m*12）

杭州京杭运河"江涨桥"栏杆

富田人以精湛的技艺，为社会贡献不朽的石文化！

园林　古建　幕墙　装饰

关于磊艺

　　磊艺石业是奇达利集团旗下的核心企业，位于著名的石雕之乡——福建省惠安县，成立于1989年10月，现有员工1500多人，工厂总面积85000平方米，总投资额二千多万美元，已成为石材行业领域里，经营品种齐全、工艺精湛、发展快速的专业型企业。

　　磊艺石业先后创立了福建惠安磊艺石材有限公司、惠安奇达利石材有限公司、惠安县奇德利石材有限公司、泉州磊进石材有限公司、磊艺园林景观装饰工程有限责任公司。2000年通过中国质量认证中心（CQC）的ISO9001：2000质量体系认证；2007年通过ISO14000：2001环境管理体系认证，现已成为国家行业标准起草单位之一。磊艺石业先后荣获"中国石材行业名牌"、"福建省名牌产品"和"重合同守信用企业""中国驰名商标"等称号，被省质量协会评为全省用户满意企业，在国内外石材业界享有良好的信誉。

　　2003年，磊艺石业投资创立了20000平方米的大型磊艺石材展示中心，这是目前国内规模最大、品种最齐全的石材展示馆，同年被评为工业旅游示范单位。

　　目前，磊艺石业又创建了一个建材厂，配备了国内外先进的生产设备和生产技术进行产品开发、生产，同时拥有专业的设计队伍，可以根据客户的要求，进行产品的设计和制作，提供工程设计、石材生产、工程施工、安装等一条龙服务，磊艺石业面对国内外承接幕墙干挂、园林景观、室内装饰等工程。

　　磊艺石业业务涉及日式墓石、外栅及配套产品、欧美式墓石及配套产品、石材艺术雕刻品、园林雕塑、佛像石雕品、建筑石材及装饰石材构件等，雄踞国际、国内两个市场。超强的实力，超大的规模，使磊艺成为极具影响力的综合性大型石材企业。如今，磊艺的产品系列达到了近四十个品种，几乎涵盖了石材石雕行业的所有系列。

　　以人为本的磊艺石业坚持追求高品质产品和优质服务的宗旨，热忱欢迎海内外宾朋惠顾、洽谈、共创美好明天。

咨询热线：0595-87881870　400-169-9988　网址：http://www.leiyi.cn

福建豪翔集团地处福建省惠安县山霞镇，面积6万平方米。集团公司下设五个分公司，分别为福建豪翔园林建设有限责任公司、泉州豪翔石业有限公司、福建联豪进出口有限公司、福建省惠安豪达石业有限公司、惠安豪洁包装材料有限公司。主要经营：环境园林雕刻、宗教艺术雕刻、建筑装饰、幕墙、各式墓碑及矿区、荒料等。年产值2亿多元，其中出口1000多万美元，年纳税1500万元。

集团公司于1993年创建以来，坚持以"诚信、求实、专业、奉献"为企业目标，建立完善的生产管理和质量体系。现公司已有国家级、省级雕艺大师、工艺美术师等20多名及一大批工艺娴熟的技术骨干队伍，具备了设计、生产、施工、安装的专业化团队，是传统石雕工艺传承与现代雕刻艺术的实践基地。

经过二十多年的成长，公司荣获全国工业旅游示范点、福建省第一批非物质文化遗产生产性保护示范基地、福建省文化产业示范基地、福建省著名商标、福建省五一

※福建省非遗生产性保护示范基地　　※全国工业旅游示范点
※福建省文化产业示范基地　　　　　※福建省五一劳动奖状
※全国城市雕塑企业委员单位　　　　※福建省著名商标

劳动奖状、中国石材造景石雕石刻十强企业、省级重合同守信用企业、纳税信用A级企业等荣誉达八十多次。先后接待党和国家领导人朱镕基、尉建行、吴官正、王兆国等，还有宗教界领袖十一世班禅活佛额尔德尼·确吉杰布及各级党政领导莅临参观指导。

　　为了促进行业的提升和发展，公司先后赞助冠名在公司举办第三届"豪翔杯"与第四届"惠安杯"中国雕刻艺术节大奖赛、首届福建省"豪翔杯"石雕职业技能竞赛。历年来，公司员工参加省级以上各项雕刻专业赛事及展览获奖作品达50件，其中金奖15件。

　　同时公司热心社会公益、慈善事业，积极倡导设立慈善基金，冠名设立奖教奖学基金等，先后捐资人民币壹仟多万元，得到社会各界的一致好评。

　　集团公司董事长蒋细宗先生真诚欢迎各界朋友及企业同仁莅临公司考察指导，寻求合作共赢。

电话:0595-87619999　　　　传真:0595-87612666
　　　0595-87616555　　　　　　　0595-87616777
网址:www.haoxiang.cc　　　邮箱:info@haoxiang.cc

纯正积淀　多元发展

福建永庆企业集团前身为福建惠安县永庆石材有限公司，创立于1996年10月。是一家集矿山开采、石材加工、工程设计安装、石材进出口贸易、海洋渔业、房地产开发为一体的综合性企业，工程项目遍布全国各地。公司生产设备精良，品质管理严格，在国内同行中率先通过ISO9001(2000)国际质量管理体系认证和国家园林古建装饰工程设计及施工资质。

永庆始终坚持"创一流、铸精品、树名牌"的经营宗旨，勇于开拓，积极创新，把"科学管理、优质服务"的质量体系贯穿到生产加工和服务的全过程，为开创更为广阔的市场、缔造永续经营的百年品牌而努力前行。

福建省永庆园林古建装饰工程有限公司

地址：中国福建惠安县崇武镇前坂工业区
ADD: Qianan Industry Chongwu Huian Fujian China   TEL: 0086-595-87687688 87676688
FAX: 0086-595-87685868   E-mail: yqstone@yqstone.net   Http://www.yqjt.net P.C. : 362131

星艺石雕装饰
STARARTS STONE

建筑幕墙设计与施工二级资质
建筑装修装饰设计与施工二级资质
园林古建筑工程承包二级资质

打造幕墙艺术经典　　铸造内装奢华品质　　雕琢石艺灵魂精品

福建泉州市星艺石雕装饰有限公司
地址:福建省泉州市惠安县山霞镇龙港工业区
电话:0595-27620888　传真:0595-87616995
网址:www.xy-st.com　QQ:529588182　邮箱:hyd.2009.beijing@163.com

集团介绍

　　"荣发（福建）石业集团"成立于2012年。母公司福建荣发石业有限公司创建于1993年11月，2006年通过了石材行业的ISO9001：2000的质量管理体系认证；2008年通过ISO14001：2004环境管理体系认证证书；2011年通过ISO9001：2008管理体系认证及OHSAS18001：2007职业健康安全管理体系认证；公司拥有"园林古建专业承包二级施工资质、建筑幕墙专业承包三级资质。主要加工厂：荣发雕刻厂、荣发建材厂、荣发异形及墓石加工厂、荣发三维机械雕刻厂，主要生产加工及安装各类大、中型城市雕塑、园林造景、园林雕刻、古建雕刻、现代艺术品；建筑石材构建、建筑幕墙工程板、线条板、罗马柱等建筑用石；各种异形石材、国内外墓石；各类花岗岩及大理石浮雕、圆雕、线雕等，并于2010年获"泉州市知名商标"；2011年获得"福建省著名商标"；2012年获得"福建省名牌产品"；被授予2009年度"泉州市工商信用良好企业"；2009-2010年度"泉州市重合同守信用企业"；并被中国雕塑学会授予"2010年度中国雕塑学会先进集体"；被中国工艺美术学会授予"2011年度中国20强雕塑企业"；并于2012年8月被清华大学美术学院雕塑系及广州美术学院雕塑系定为"教学实习基地"。

　　下属企业：福建荣顺建设工程有限公司，注册资金2008万元，国家建筑幕墙设计与施工二级，建筑装饰工程与施工二级资质。

　　福建荣信金属艺术制造有限公司，注册资金1100万元，主要经营各类金属艺术品；泉州市荣艺坊礼品有限公司，注册资金100万元，主要经营各类纪念品、礼品。

湖南长沙青年毛泽东艺术雕像

　　该工程是目前全国体量最大的毛泽东雕像，长度达到83米，宽度43米，高度32米，由7226块天然花岗岩拼装而成，整个工程历时18个月。

湖北随州神农炎帝雕像

　　该立像高度为31.67米，材质为福建白麻，该工程于2010年3月开始动工，雕刻面积1121平方米，由1314块花岗岩组成，历时仅3个多月，创造了石雕加工行业同规模最短施工记录。

重庆永川神女湖茶山神女雕像

　　茶山神女雕塑高29米，由1160块福建芝麻白花岗岩组成；基座高7米、直径18.1米；基座以下的三层茶文化品鉴馆逐级递收，高15.9米，将雕塑整体托举，总高度51.9米。于2011年7月19日开工，2011年12月30日竣工落成。

内蒙古鄂尔多斯乌兰木伦河景观
改造工程

2011年7月——

规格：A:长260米，高17米　　材质：红砂岩
　　　B:长200米，高15米　　材质：红砂岩

我们的优势：

良好的设计团队，丰富的施工经验。

先进的现代化设备，标准的管理体系。

优秀的管理团队，过硬的产品质量。

荣发（福建）石业集团

[石材石雕 城市雕塑 园林古建]
[建筑幕墙 金属铸造 工艺礼品]

0595-87601799

0595-87602799

WWW.RONGFA.COM

福建惠安县龙辉达石业有限公司
Fujian Huian Longhuida Stone Co.,Ltd.

- 建筑幕墙
- 室内装饰
- 园林景观
- 陵园碑石

总经理：**刘建辉**

General Manager: Liu Jianhui

地址：福建惠安崇武龙西工业开发区

Add: Chongwu Longxi Industrial Development Zone,

Huian County, Fujian Province, P.R.China

电话(TEL)：0086-**595-87693098**

传真(FAX)：0086-**595-87686698**

手机(Mobile)：**13505075444**

网站地址：vn468512.stonebuy.com

E-mail: 71442811@qq.com

邮政编码：362131

福士石材
FUSHI STONE

福士石材有限公司创建于2010年12月，是在泉州富士石业的基础上组建而成的。公司位于海峡西岸经济区的泉州市。公司总投资2.5亿元，占地100多亩，建筑面积38000平方米，拥有国际先进的石材生产机械设备，职工300多人，年产值达2亿元以上，是一家集石材资源开发、生产、安装为一体的综合性大型企业。

公司以"诚信、高效、协作、共赢"的经营理念，坚持以人为本，高素质、高起点、高标准、高要求，充分健全内部各项管理机制，完善各道工序，规范生产流程，制定更加科学的质量检验体系和安全生产机制。近期已完成如大连远洋广场、大学城、北部餐饮、上海博堡别墅区等国内著名石材工程案例，得到客户的大力赞赏。其中北部餐饮项目正报审中国建筑工程设计大奖。

公司秉承"诚信致远，精益求精"的宗旨，实施"管理科学化，品牌战略化"的方针，注重产品的科技含量，最大限度满足广大客商的需求。公司热忱欢迎新老客户惠顾，携手并肩，共创辉煌！

泉州市泉港福士石材有限公司
地址：福建省泉州市泉港南埔岭口工业区
电话：0086-595-27736666
传真：0086-595-27737777
网址：www.fushistone.cn

红星海世界观

远洋北部餐饮工程

远洋·钻石湾会所

福兆石材

电话: 0595-2773 6666 传真: 0595-2773 7777

福建共荣集团

共荣集团

福建共荣集团主营建筑幕墙工程、装饰装修工程、园林古建工程、大型异型建材、建筑装饰石材、寺庙雕刻、欧式雕刻、城雕、浮雕及各类石雕产品等，是一家具有建筑幕墙工程设计与施工一级资质、园林古建筑工程一级资质、建筑装饰装修工程设计与施工一级资质，集矿山开采、石材加工、安装设计、建筑装饰、经贸出口等于一体的综合性企业，是惠安乃至福建石业、建筑幕墙行业的知名品牌和龙头企业，是福建省建筑业专业承包20强企业。

共荣集团始终追求卓越品质，注重科学管理，不断开拓创新。竭诚与社会各界及海内外客商携手合作，共创、共拓、共赢！

广东增城碧桂园

福清薛府庄园

北京光谷石材幕

TEL：4000-588-559   http://www.gr-stone.com   E-mail:grjz559@163.c

泉州市知名商标

福建泉州市集祥石业有限公司

電話:86-595-87676677

傳真:86-595-87673962

彭艺石业
PENGYI STONE

STONE

石雕制品、碑石制品、建筑幕墙。

惠安彭艺石业有限公司
Huian Pengyi Stone Industry Co., Ltd.
福建省彭艺园林古建装饰工程有限公司
Fujian Pengyi Traditional Chinese Landscape Architectural Engineering Co., Ltd.

地址: 中国福建省惠安崇武龙西工业区路北
Add: Longxi Industrial Zone, Chongwu, Huian, Huian, Fujian, China
国内 Tel: 0086-595-87678888 Fax: 0086-595-87679999
日本 Tel: 0086-595-87688338 Fax: 0086-595-87688638
http://www.pengyi.com E-mail: 87680880@pengyi.com
网络实名: 彭艺石材

福建惠安县日明达石业有限公司
Fujian Hui'an Rimingda Stone Indutrial Co., Ltd

总经理：**王明海**
General manager: Mr. Wang Minghai

- **Tel：0086-595-87682333**
- **Fax：0086-595-87683750**

福建惠安县日明达石业有限公司 创立于20世90年代初，作为中国石材雕刻产业中的实力企业之一，公司成为了欧美、日本、韩国等国家和香港、台湾地区石雕及工程建设业界理想的合作伙伴，十多年来在国内石材雕刻市场与广大同行开展了广泛良好的合作，公司位于"中国石雕之都"崇武，悠久的雕刻文化，雄厚的技术力量，愿成为新世纪广大客户满意的合作伙伴。

Fujian Hui'an Rimingda Stone Indutrial Co., Ltd was established beginning of 90's in last century,as one of well-known business enterprise in Chinese stone carvings industry. The Company have became ideal cooperation partner with stone carving and engineering construction industry of Europe, America, Japan, Korea and Hong Kong, Taiwanese region. The Company have established good cooperation with local craft brother of stone material and carving market for more than ten years. The Company is situated in Chongwu Town, which is honored as "The hometown of stone carving", with long carvings culture and strong technique power. We wishes to become satisfied cooperation partner with customers in new century.

- 地址：福建省惠安县崇武镇龙西工业区
- Add: Longxi Industrial Area, Chongwu town, Hui'an county, Fujian.
- E-mail: rmdwang@163.com

图1	上海奥特集团大楼	图2	九江市 庐山北门石雕柱山门
图3	江西定南群雕——瑞狮赐福	图4	厂区一角
图5	福州圣泉陵园地藏王	图6	江西南城县登高公园——金鳌赐福
图7	惠安·聚龙小镇景观工程（局部）		

华润德盛石材
HUARUN DESHENG STONE

公司简介

　　泉州市华润德盛石材有限公司前身系惠安县华润石材工艺厂，成立于1995年，位于盛有"石雕之乡"美誉的惠安县涂寨镇曾厝工业区，交通十分便捷。

　　本厂以"质量至上、服务至上"的经营宗旨，拥有一支技术精湛，经验丰富的员工队伍和先进的生产设备。本厂主要产品有：**屋檐线条，罗马柱，欧式门窗套，墙裙腰线，壁炉，电梯门套等内外墙装饰的异形石材，栏杆、花盆、亭塔等园林景观工艺制品**，产品畅销国内外市场。

　　"立足市场、开拓进取、创新发展、以质取胜"是本厂始终坚持的经营方针，以精湛的工艺，良好的信誉，真诚与广大客户合作，共同发展。

泉州市华润德盛石材有限公司
Quanzhou Huarun Desheng Stone Co., Ltd.

地址：福建省惠安县涂寨镇曾厝工业区　邮编：362133
电话：0086-595-87233355　　传真：0086-595-87233358
Http://www.huarun-stone.com
E-mail: china@huarun-stone.com

幕墙工程的忠实合作商！

别墅、高级写字楼、政府办公大楼，内外墙石材干挂，设计施工一条龙服务；超大异型系列产品；空心圆柱、罗马柱等欧式产品；风水球，园林雕塑，寺庙墓园产品；装饰工程及各类工艺品。

力山石业

泉州市力山石材工艺有限公司
Quanzhou Lishan Stone Technical Co., Ltd.

地址：福建省惠安县涂寨镇曾厝工业区　ADD：Tuzai Zengcuo Industrial In Huian
电话(TEL)：0086-595-87239536　87218536　13805971557
传真(FAX)：0086-595-87235200　邮编（P.C.）：362133
http://www.lishan-stone.com　QQ:303982831
E-mail：wen5971557@163.com　lishan@lishan-stone.com

协拓石材

地址： 福建惠安省惠安县涂寨工业区
电话： 86-0595-87215886
传真： 86-0595-87234016
http://www.xt-stone.net
E-mail:xietuo10@163.com

惠安鑫藤石材 制品有限公司

经营范围：

板材、浮雕、人物、大狮、龙柱、罗马柱、栏杆、花盆、喷水池、
圆球、灯笼、山门等艺术制品。
墓碑、骨灰盒及配套。

CHENGSHENG

设计者：王则坚
制作者：惠安诚盛石业有限公司
完成时间：1990年

设计者：王则坚
制作者：惠安诚盛石业有限公司
完成时间：2002年

地址：福建省惠安县崇武镇台湾街华锋路 邮编：362131
TEL:+86-595-87685598 FAX:+86-595-87683065
TEL:+86-595-87681239 QQ:958099667
M.P:013905068569 客服电话：4000-585-989
E-mail:cs@chengshengstone.com
http://www.chengshengstone.com

惠安诚盛石业有限公司

公司经营范围：
寺庙系列 / 建筑系列 / 城市与园林雕塑 / 工艺品系列 / 家居装饰系列 /
人物雕刻 / 动物雕刻 / 灯笼系列 / 大型异形石材 / 进口大理石

CHENGSHENG

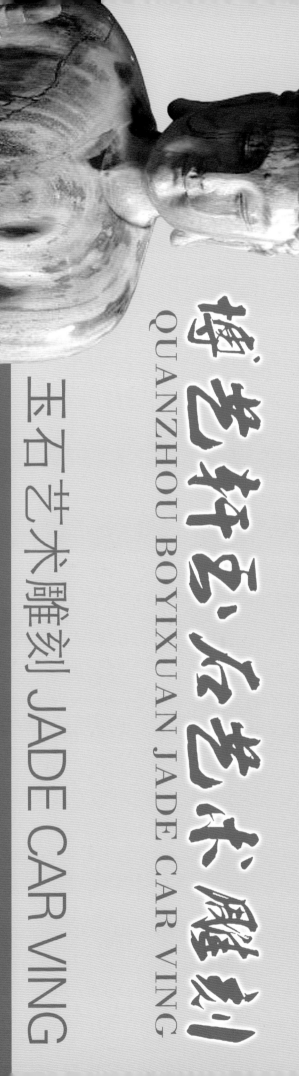

博艺轩 石艺雕刻
QUANZHOU BOYIXUAN JADE CAR VING

玉石艺术雕刻 JADE CAR VING

ADD: 福建省泉州市惠安县螺阳镇溪东工业区
（国道321线172公里处）XIDONG INDUSTRIAL
ZONE, LUOYANG, HUI' AN, QUANZHOU, FUJIAN

展示厅地址：福建惠安雕艺城A011-A012
SHOW HALLS: A011-A012, Carving City, Hui' an, Fujian

联系人：谢丽算（Xie Lisuan ）
M.P.: 18960378963/ 13808500738
TEL: 0086-595-87300352
FAX: 0086-595-87300352

丰源石材
FENG YUAN STONE

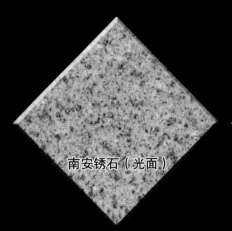

南安锈石（光面）

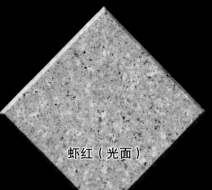

虾红（光面）

漳浦虾红
龙海虾红

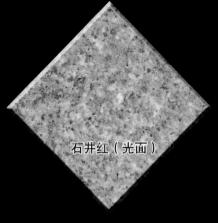

石井红（光面）

工程案例

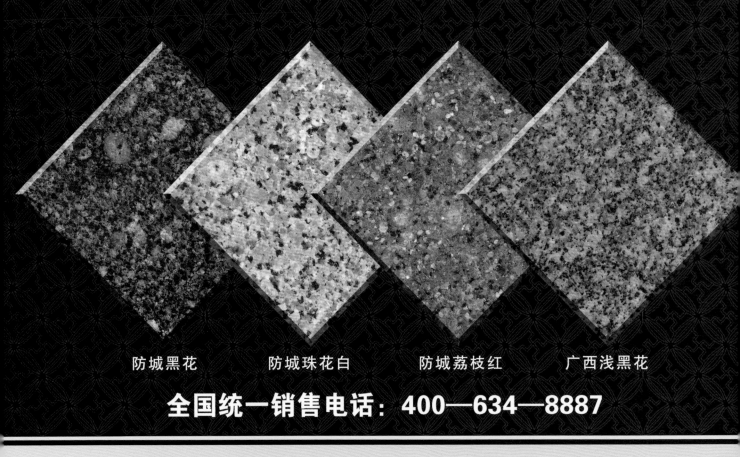

防城黑花　　　防城珠花白　　　防城荔枝红　　　广西浅黑花

全国统一销售电话：400—634—8887

防城港市骏翼矿业有限公司
FANGCHENGGANG JUNYI MINING CO., LTD

防城港市骏翼矿业有限公司位于广西北部湾防城港市防城区。防城港市是我国沿海又沿边的唯一城市，区位优势十分突出，背靠大西南，面向东南亚，拥有大小港口20多个，市内交通便捷，铁路和高速公路均直达港口，是国内，尤其是西南、中南、华南地区便捷的出海出边通道。现已成为连接大西南和东南亚的枢纽，是大西南出海通道的主要出海口。

公司成立于2010年3月15日，注册资本4180万元，经营范围：矿产品开发、花岗岩开采加工、建筑材料、化工产品、机械设备、有色金属、金属材料、货物进出口、技术进出口等。在广西各级政府，各相关部门的积极支持下，本公司重点投资开发防城港市防城区那梭镇地区花岗岩的开采及加工项目。

公司以诚为本，追求卓越为宗旨，提倡开拓务实、团结进取、勤奋高效之精神。董事长俞建平常以公司经营宗旨和经营理念来勉励、教育公司员工，力求抓紧时机、掌握机遇促进公司业务快速发展，更好更快地将公司的发展规模推向科技化、国际化的先进水平。公司现已分别取得了发改局、国土局、安监局、环保局、水利局、地质局等各相关单位针对花岗岩的开采及加工项目的批复及各项合法手续。经过近年来的努力，如今公司已成为具备集矿山开发、石材加工与销售、进出口贸易于一体的大型综合性企业。为了更好地利用当地自然资源，加大开采加工力度，公司采用多种方式合作，本着共同享利的原则，

诚邀有意投资、合资、合作者前来参与共同开发，共创辉煌！

地　　址：防城港市防城区那梭镇

电　　话：15507708818　　0770-3451248　　传　真：0770-3452665

网　　址：http://www.gxjyky.stonebuy.com　　E-mail: jyky1952@163.com

泉州锦地石材有限公司
QUANZHOU JINDI STONE CO.,LTD.

锦地石材
JINDISTONE

专业成就品质　质量构造效果

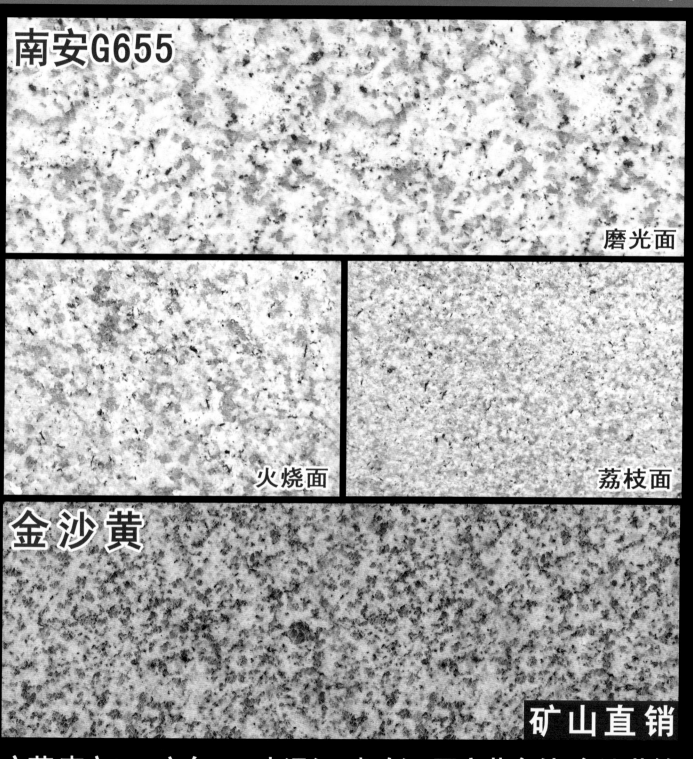

南安G655

磨光面

火烧面

荔枝面

金沙黄

矿山直销

白玉大板

红花白玉大板

可乐玉透光玉石

橙玉大板

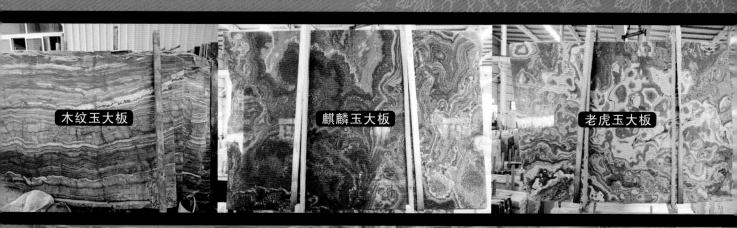
木纹玉大板　　麒麟玉大板　　老虎玉大板

南安市捷成石业有限公司
Fujian Nan'an Jiecheng Stone Co.,ltd.

地地址：福建省南安市水头永泉山科技工业园
电话（Tel）：0086-595-86990668
传真（Fax）：0086-595-86983788
Http://www.fjzhstone.com
E-mail: guojishicai@126.com

南安市中辉石业有限公司
Fujian Nan'an Zhonghui Stone Industry Co., Ltd.

地址：福建省南安市水头福山工业区
Add: Fushan industrial areas of Nan' an
Shuitou Town, Fujian Province, China.
电话（Tel）：0086-595-26568888
传真（Fax）：0086-595-26566789

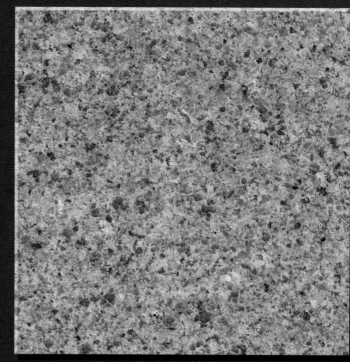

Liven·stone
力丰石材

岗石、大理石、工程板、复合板
Artificial stone ,Natural marble , Cut-to -size, composite tiles

全力服务于高端石材外墙装饰工程
Fully Serve For The Stone Wall Decoration

葡萄牙灰

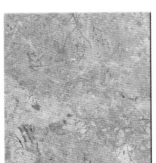

云多拉灰

保加利亚灰

西西里灰

葡萄牙米黄

白摩卡石

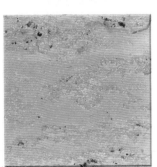

德国米黄

西班牙黄砂岩

福建省南安市力丰石材有限公司
FUJIAN NAN'AN CITY LIFENG STONE CO.,LTD.

Add: 中国福建省南安市水头蟠龙开发区
　　　 PANLONG DEVELOPING AREA, SHUITOU, NAN'AN, FUJIAN, CHINA.
Tel: 0086-595-26888333　86076666　26900033
Fax: 0086-595-86909899　86909990
全国统一服务热线：400-0009-333
Http://www.lifengstone.cn
E-mail: lifengstone@vip.163.com

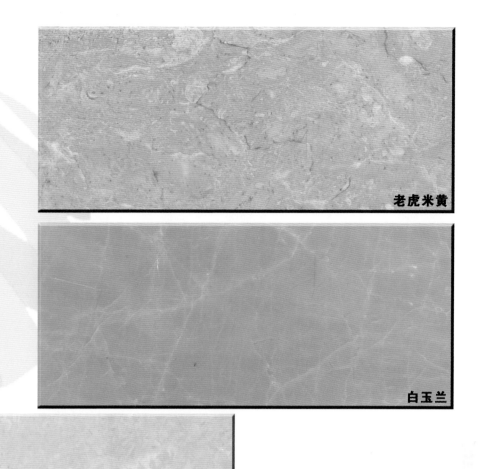

老虎米黄

白玉兰

奥特曼

Liven·stone
力丰石材

白玫瑰

木化石

西班牙米黄(老矿)

巴黎米黄

法国流金（梵高金）
长期现货/荒料 30000平

法国流金 GOLDEN VAN GOGH

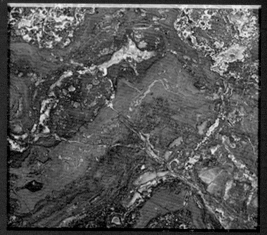

梵高金 GOLDEN VAN GOGH

中欧米黄 SHAYAN CREAM

雅典木纹 ATHENS GREY

◀ 大板车间

HUABAO
STONE

晋江华莹石材机械有限公司
Jinjiang Huaying Stone Machinery Co., Ltd.

晋江华莹石材是一家专业经营天然石材（板材）销售以及加工的生产及服务企业。

公司拥有各种先进的生产设备红外切边机、仿形机等。厂区面积6000多平方米。长期库存常用大理石、花岗岩板材两千平方米以上。公司的主要产品有：国内石材、进口大理石大板、进口花岗石、异形加工，因为有上乘的质量和优质的服务在当地享有一定的声誉和口碑，是集订货、设计、送货、安装一条龙服务的公司。

欢迎来晋江下辅华莹酒店！

酒店订房热线：0595-82596666

华莹酒店微博　　华莹酒店微信公众平台

网址：http://www.Jinjianghotel.cn

总经理：张炬伟　　联系电话：18900393985

地址：福建省晋江市西滨拥军路39号

电话：0086-595-85609433

传真：0086-595-85609433

网址：http://www.fjhuaying.com

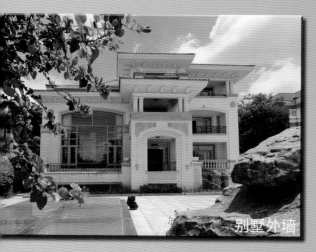

别墅外墙

各种异型线条

- 别墅外墙
  - 豪宅内饰
    - 酒店装饰

别墅、楼中楼室内豪华装饰。

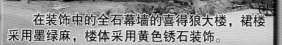

在装饰中的全石幕墙的喜得狼大楼，裙楼采用墨绿麻，楼体采用黄色锈石装饰。

酒店大堂装饰

裙楼装饰细节

别墅外墙

福建辰谊建设工程有限公司

福建辰谊建设工程有限公司主要从事电力、园林景观、智能化、消防等工程的承包与施工，公司团队有长期施工经验，和融信集团、世欧地产、融侨集团等国内知名地产公司保持长期合作关系，完成行业内多项精品项目，世欧彼岸城A、B、C区高低压配电工程、世欧上江城A、B、C区高低压配电工程、融信大卫城A、B区供配电工程、融信-宽域景观及电力配套工程、王庄售楼部景观工程、世欧彼岸城B区景观工程、福晟钱隆公馆景观工程等几十项电力及园林景观绿化工程的施工，赢得了各界业主的高度好评。

辰谊建设
CHEN YI CONSTRUCTION

地址：福州市仓山区金山大道618号橘园洲创意广场65号楼3层06-07室
电话：0591-86396850　　传真：0591-86396870
邮箱：493600080@qq.com

户外景观工程：

九江一开石材装饰工程有限公司

九江一开石材装饰工程有限公司创立于2006年，其前身九江中信石材装饰经营部早在1992年就已经成立，公司主要进行幕墙、室内外装饰、环境园林、艺术等石材产品的制作安装，是目前九江最大的石材装饰公司之一，能为客户提供全方位的石材加工，产品辐射至咸宁、修水、南京、安徽、湖北等地，逐步形成了石材行业中的名牌，公司凭着自己超众的实力，出色地完成了甘棠公园欧式弧形大门、大中路地下人防石材干挂、龙开故道牌楼、南山公园广场、八里湖公园园路景观、琵琶亭汉白玉栏杆、美孚洋行石材装饰等一大批优质石材工程。经过二十多年的发展，公司规模不断壮大，现已在城西港工业园投资建设成九江最大的集加工、安装、石材贸易为一体的室内外高端石材公司。公司将引进各类先进生产设备，如电脑水刀切割机、自动线条抛光机、电脑浮雕加工中心等先进加工设备，并辅以先进的吸尘设备，建成江西乃至内地最先进的石材生产公司。

董事长：**陈国瑞**
电话：**13507060707 13907021245**
地址：江西省九江市城西港区官湖路
　　　一开石材

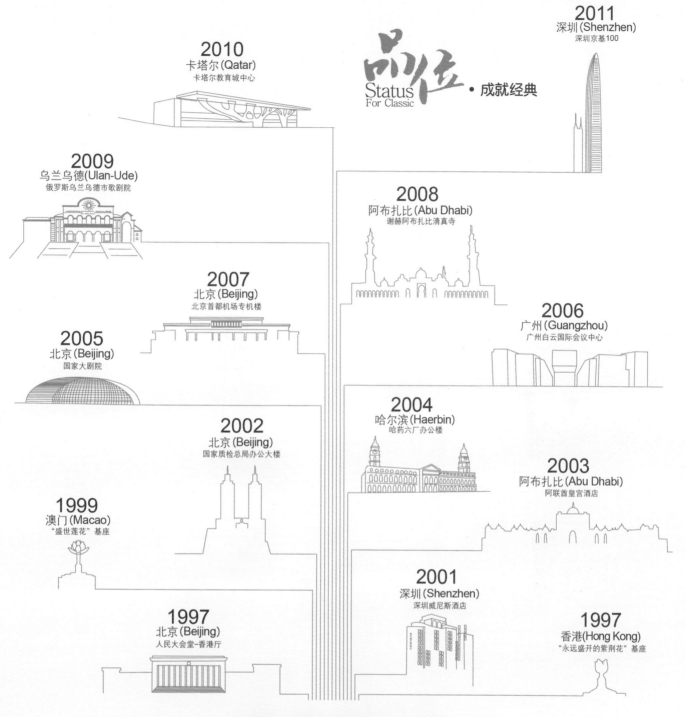

品位·成就经典
Status For Classic

2011 深圳 (Shenzhen) 深圳京基100

2010 卡塔尔 (Qatar) 卡塔尔教育城中心

2009 乌兰乌德 (Ulan-Ude) 俄罗斯乌兰乌德市歌剧院

2008 阿布扎比 (Abu Dhabi) 谢赫阿布扎比清真寺

2007 北京 (Beijing) 北京首都机场专机楼

2006 广州 (Guangzhou) 广州白云国际会议中心

2005 北京 (Beijing) 国家大剧院

2004 哈尔滨 (Haerbin) 哈药六厂办公楼

2003 阿布扎比 (Abu Dhabi) 阿联酋皇宫酒店

2002 北京 (Beijing) 国家质检总局办公大楼

2001 深圳 (Shenzhen) 深圳威尼斯酒店

1999 澳门 (Macao) "盛世莲花"基座

1997 北京 (Beijing) 人民大会堂-香港厅

1997 香港 (Hong Kong) "永远盛开的紫荆花"基座

UMGG 环球石材
UNIVERSAL MARBLE & GRANITE GROUP

国际领先的装饰石材系统解决方案提供商

环球石材创立于1986年，经过二十多年的努力，今占地120万平方米，有近4,000名员工；
集团立足高端装饰石材工程市场，倾力打造石材品种、品质、品位——三品专家的高端品牌形象；
我们产品远销世界各地，成为世界知名的石材企业。

经过多年的发展，环球石材已成为世界知名石材企业，获得无数荣誉：
行业标准制定者——28项国家/行业标准制（修）定者
鲁班奖——14项"鲁班奖"
华表杯——7项"华表奖"
全国高新技术企业
广东省名牌产品
广东省著名商标
中国驰名商标
首届东莞市政府质量奖
中国建筑应用创新大奖
……

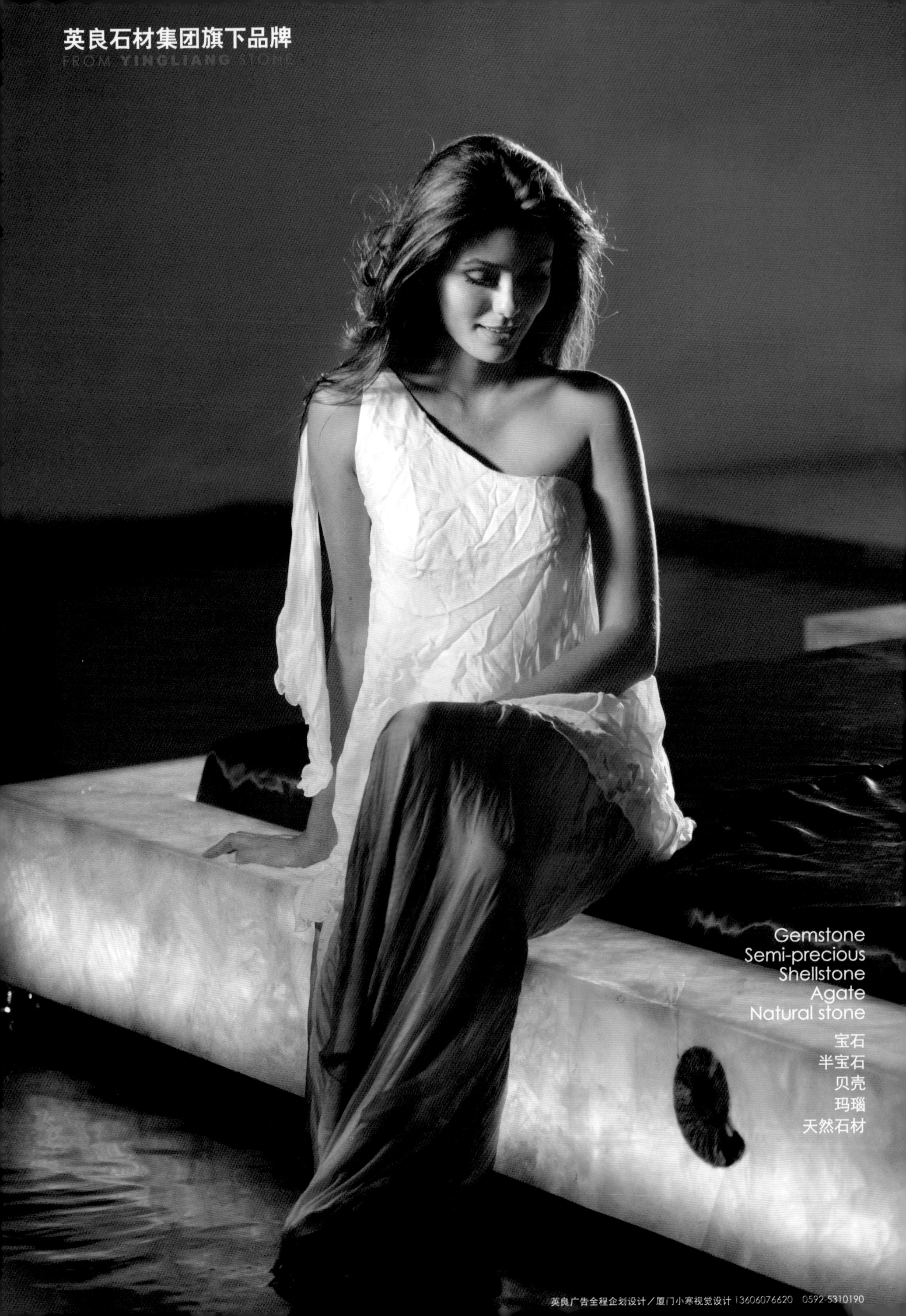
英良石材集团旗下品牌
FROM YINGLIANG STONE
Gemstone
Semi-precious
Shellstone
Agate
Natural stone
宝石
半宝石
贝壳
玛瑙
天然石材
英良广告全程企划设计／厦门小寒视觉设计 13606076620 0592-5310190

5th GALLERY®
五号仓库
—— 宝藏石 ——

[五号仓库] 是英良石材集团旗下的高端战略品牌，主营殿堂级石材珍品，其收集了世界上最顶级的、最独特的、最高贵的石材珍品约几百种。我们推崇品种的奢华感、时尚度、唯一性。可满足有不凡品味的力求创新的业主、装饰公司、设计师及收藏界人士的尊贵需求。五号仓库是一个集空间艺术设计、高复杂石材工艺应用、奢华石材赏析、艺术品收藏、石材潮流发布、设计师创意沙龙为一体的大型互动交流会所。它将会以全新的理念、独特的视角、创新的模式，全力打造石材界的"路易.威登"。

[5th GALLERY] is a high-level brand under Yingliang stone Group, its main business is top quality stone production, it displays rare, special, unique, luxury stones about hundreds kinds from all over the world.
"5th GALLERY" aspires luxury, fashion, and unique stones, it matches the taste of designers, high-level decoration company and collectors etc.
"5th GALLERY" is an artistic, luxury, special and rare stone design showroom in the world, it involved in space designs, new and special processing, luxury stone evaluation, art stone collection, fashion stone release and designers party. it is a new concept in stone business "5th gallery" become to "Louis Vuitton" in stone field.

总部地址：
南安水头滨海开发区一期 0595 - 86812213
连锁店：泉州 / 北京 / 上海 / 青岛 / 云浮
www.5th-gallery.com

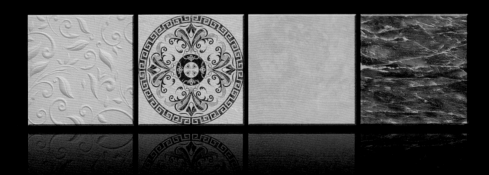

FIVE ADVANTAGE
五大优势

01 \
专业优势
PROFESSIONAL

采用国外的先进生产技术，并且高标准、高要求对每位员工进行全方位的培训，以确保产品的品质和质量。

USES the overseas advanced production technology, and high standard, high requirement for each employee all-round training, to ensure the quality of the products and quality.

02 \
技术优势
TECHNICAL

运用特殊切割技术，可以对任何材料进行任意曲线的一次性切割加工，切割时不产生热量和有害物质，材料无热效应（冷态切割）。

Use special cutting technology, can on any materials for arbitrary curve of a one-time cutting processing, cutting heat and does not produce harmful substances, material without heating effect (cold cutting).

03 \
图纹优势
PATTERN

产品图案独特，大大满足了人们对时尚家居空间享受，以多种花色和图案成为市场上的新宠。

Product design is unique, greatly satisfy the people's fashionable household space to enjoy, with a variety of colors and patterns become the market to be bestowed favor on newly.

04 \
工艺优势
TECHNOLOGY

雕刻可以创造出具有一定空间的可视、可触的艺术形象，超强的层次感和质感让人们能更直观的感受到所要表达的东西。

Sculpture can create a certain space visual and tactile art image, super administrative levels feeling and sense makes people more intuitive feel what you want to say something.

05 \
装饰优势
DECORATION

拓美石的工程板是根据建筑工程被装饰面的大小与形状，专门按设计图纸订货加工的，是完美装饰的最佳选择。

The beauty of the stone extension engineering plate is based on construction engineering is adornment the size and shape, special design drawing according to the order processing, is the best choice to perfect decoration.

YONGXIN STONE

产品出口欧、美、日本等国
THE PRODUCTS EXPORT TO EUROPE AMERICA AND JAPAN ETC.

建筑石材、园林石材、工艺石材、出口贸易
Engineering Stones   Garden Stones   Carving Stones   Export Trade

福建省腾飞建设集团
Tengfei Gardens Anciens Architecture Co., Ltd. Fujian
福建腾飞园林古建筑有限公司
Tenghui Stone Carving Facrory Chongwu Huian Fujin

ADD: 中国福建省惠安县崇武龙西工业区 Longxi Industrial Zone, Chongwu, Huian County. Fujian Province, China
TEL: 0086-595-87682220 87682110   **FAX**: 0086-595-87686475   **E-mail**: tengfei@pub1.qz.fj.cn

www.cn-tf.com   服务热线：400-7700-220

　　福建腾飞园林古建筑有限公司成立于1995年，具备园林古建筑国家一级资质，建筑幕墙工程国家二级资质，文物保护工程施工三级资质，公司注册资本5500万元，总资产超2.5亿，是一家集园林、仿古建筑、喷泉、雕塑、广场文化、市政工程文化、幕墙干挂等工程规划、设计、制造、施工为一体的大型企业。

主要荣誉：

2007年 荣获 "福建省名牌产品" 称号

2009年 荣获 "福建省著名商标" 称号

2009年 荣获 "中国雕刻园林古建筑十强企业" 称号

2009年 荣获 "首届中国长三角优秀石材建设工程建筑外装饰类金石奖" 称号

2010年 获年度中国石材业 "诚信经营金牌企业" 荣誉称号

2011年 获 "十一五" 期间福建省建筑行业 "先进集体" 称号

2012年 获 "福建省企业知名字号" 称号

厦门海仓区慈济宫保生大帝

湖南长沙万佛灵山

台湾云林县三条伦包青宫

江西上饶云碧峰国家森林公园牌楼

湖南长沙高新区商务会所

上海东方环球中心

盛达机器 *SHENGDA* MACHINERY

SKJ-80M 铰链式框架锯 Hinge stucture gang saw

XMJ1050-16C
条板磨机 Polishing machine for tile

SKQQ-600-A
数控桥式切石机
CNC Bridge cutting machine

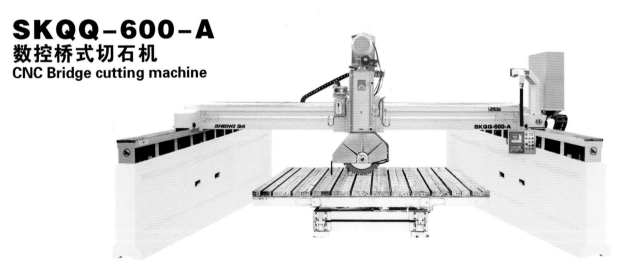

QSQJ-2000-12
桥式组合切石机
Bridge multiblade block cutter

全国统一服务热线：
4006 0595 55

ZQJ-1000
红外线桥式中切机
Bridge minddle block cutter

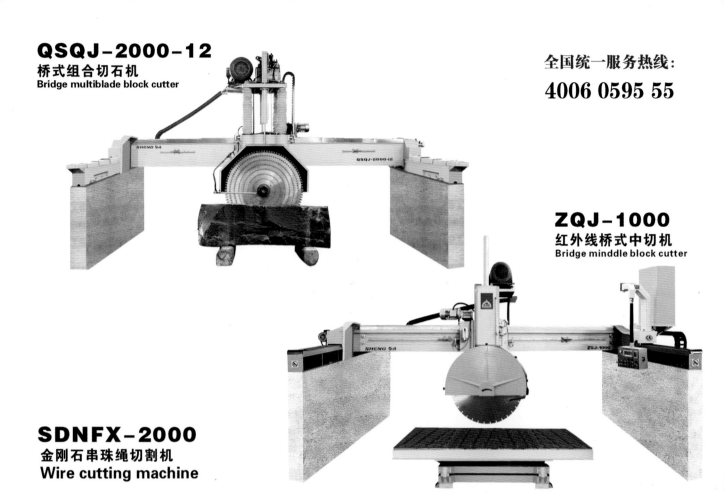

SDNFX-2000
金刚石串珠绳切割机
Wire cutting machine

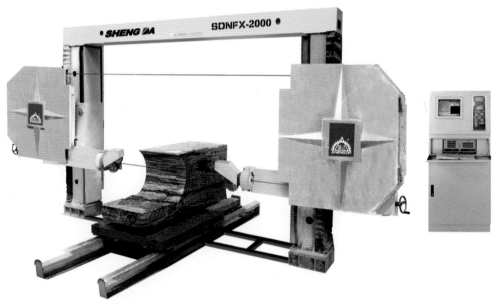

DNFX-1200
电脑控制异型线条切割机
Profile shaping machine

SYJ-400
手摇切边机
Manual edge cutting machine

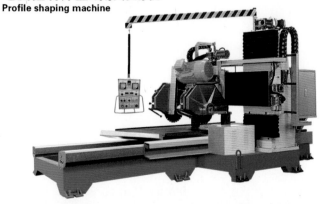

ZDMJ-20T

Automatic polishing machine for granite slab

全自动花岗岩条板抛光机

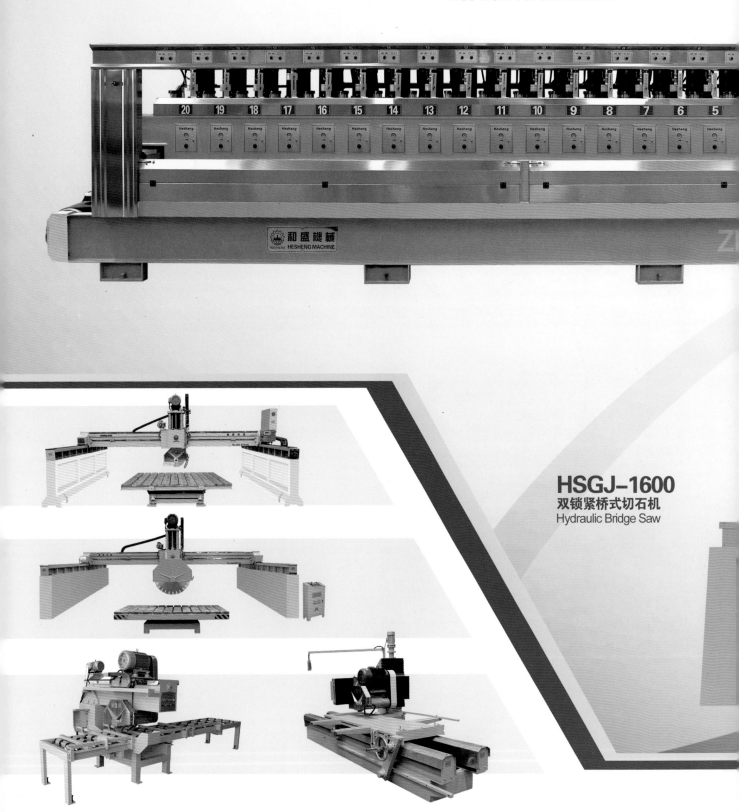

HSGJ-1600

双锁紧桥式切石机

Hydraulic Bridge Saw

如需了解更多详细资料，请浏览本公司网站。

For more information, pls. login to www.chinahesheng.com

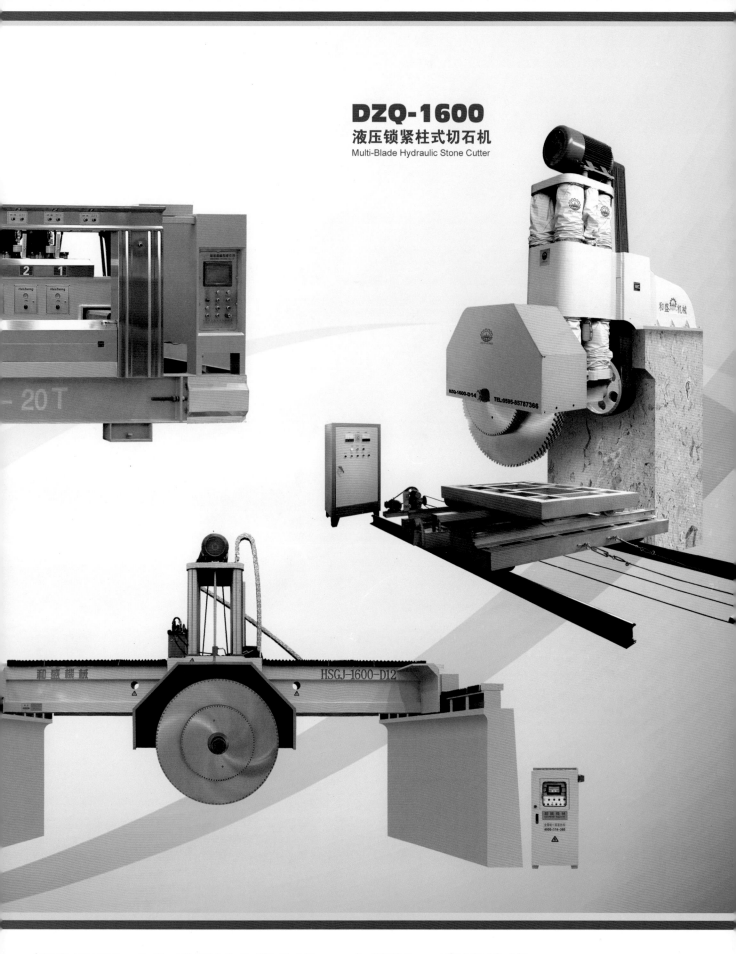

DZQ-1600
液压锁紧柱式切石机
Multi-Blade Hydraulic Stone Cutter

DZQ-1600-D14 TEL:0595-85787366

和盛 机械

HSGJ-1600-D12

和盛机械

福建省晋江市和盛机械有限公司
FUJIAN JINJIANG HESHENG MACHINE CO.,LTD
ADD: 福建省晋江市安海镇梧山工业路6号
新厂址：福建省泉州市铭盛机械有限公司
ADD: 福建省南安市水头镇海联创业园

全国统一客服热线：4000-114-366
TEL: (0086)0595-85787366 85707366 FAX: (0086)0595-85799366
Http://www.chinahesheng.com www.stonemachinery.net
E-mail: hesheng@chinahesheng.com info@chinahesheng.com

灵水机械有限公司
LINGSHUI MACHINERY CO.,LTD

地址：中国福建省晋江市灵源灵水三益工业区
ADD:Sanyi Industrial Park,Lingshui,
Lingyuan, jinjiang City, Fujian,China
TEL: 0086-595-85731666   85782286
FAX: 0086-595-85787324   85737788
Http: // www.cnlingji.com
Http: // www.lingjicn.com
E-mail: lingji@ lingjicn.com
中文网址：灵机

"灵机"牌荣膺"中国驰名品牌"
"lingJi" is rewarded with the title
of "Chinese leading Brands" .

锯片可90°旋转
Saw slice rotaing 90°

LMZQ-1200 龙门中切机
LMZQ-1200 Gantry gantry-
cutting Machine

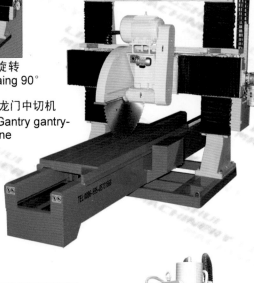

LTQJ-500--600 连体桥式切机
LTQJ-500--600 Siamese bridge-shaped cutter

PSJ-40T 自然面劈石机
PSJ-40T Natural surface
splitting machine

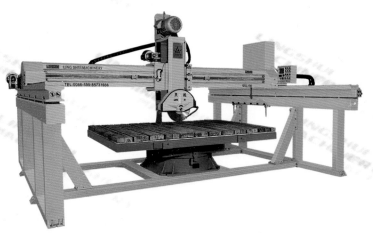

QSJ-400B 红外线自动桥式切机
QSJ-400B Automatic bridge-type infrared cutting machine

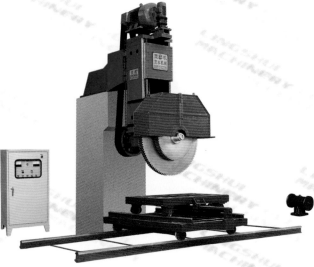

ZJS-1600--2500   单片、多片高效组合锯石机
ZJS-1600--2500 Slice, multi-slice (1-12 pieces)
stone sawing machine series

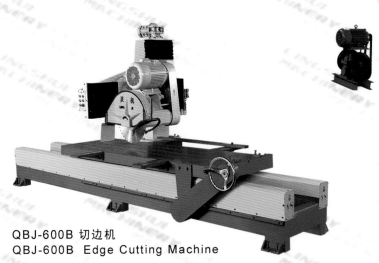

QBJ-600B 切边机
QBJ-600B Edge Cutting Machine

≫更多产品详情请登陆灵机网站
≫ If you want more details please surf the website of lingJi

诚招国内外区域代理商
Honestly inviting regional agent at home and overseas

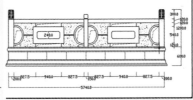

XISHI®
溪石

凤凰山
FengHuangShan

腾飞石业
TENGFEI STONE
福建省名牌
国家二级资质

NAIGAI
内外矿业

YUAN TAI

Stone-Data
世联数据
数据创造财富
世联·传媒

YONGXIN STONE

FENGYING

合发石材
HEFA STONES

万里石
WANLI STONE

豪翔石业
HAOXIANG STONE

三盛圆柱
SANSHENG

四通石材

海峡雕刻
strait carve

盛达石业
SHENGDASTONE

共荣集团

福士石材
FUSHI STONE

HUABAO
STONE

SANHE YUQUAN

古銘石材
GUMING STONE

Leide

三利石材
SanLi-stone
金辉工贸
KINGWIN

JIXIANG
集祥石业

永德吉石材
YDJ STONE

光明石业
GUANGMING STONE

TOPMAX
拓美石

富田石材
Futian stone

力山石业

HUA DONG STONE

华莹石材

WSDQY

顺兴石材
SHUNXING STONE

XTSP

港龙城
GANG LONG CHENG

HUARUN石
华润石材
HUARUN STONE

鸿源石材

东阳石材
DONGYANG

SL
胜龙木石雕

磊藝石業
LEIYI STONE

万WF·辉
WAN HUI STONE

SANXING

XIETUO

盛达
SHENGDA

WFCM
萬福建材
WANFU BUILDING MATERIALS

HUALONG
华隆

灵 机
LING JI

HESHENG

1. 厦门天悦工艺石材有限公司

天悦工艺石材有限公司是花岗石产品的生产和出口企业。本公司技术力量雄厚，有多年经营出口花岗石制品的经验，在品质管理、及时供货、售后服务方面有着优良的记录。

天悦工艺石材立足于福建莆田大地。福建是全国花岗石出口量最大的省份，莆田是福建石材出口的重要基地，从古至今，莆田是中华石文化的重要组成部分。

当今，石雕艺术家、民间艺人、能工巧匠，创造了大量的石雕、石刻，有高十三米的妈祖像、栩栩如生的水浒一百零八将、神形奇异的五百罗汉、法相庄严的观音、慈眉善目的地藏、妙趣横生的七福神等，深受客商的喜爱；还有制作精美的石碑，品质优良的工程石材，备受用户青睐。各种质优价宜的石材产品，正源源不断地远销我国台湾及日本、东南亚、欧美等地。

联系人：蔡开顺 总经理
电话：0086-592-5066868　5310362
传真：0086-592-5053311　5310636
Email：sale@tsachina.com
Website：www.tsachina.com

2. 眉山市朝晖饰业有限公司（专业石材装饰）

联系人：王朝安
地址：四川省眉山市东坡区苏湖路155号
电话热线：400 0028 007　传真：028-38228729
网址：www.mszhaohui.com　Qq：1658908658

朝晖饰业创立于1997年，注册于2001年4月，公司注册地址：眉山市东坡区苏湖路155号（东门车站旁），国家建筑装饰装修二级资质。公司集家装、公装、石材、实木、园林景观、雕塑等工程创意、设计、施工为一体。

公司拥有三千余平米的办公、展示、体验场馆；5000平米的生产、加工基地；成套先进的石材、实木加工生产设备；配套园艺苗圃、雕塑、小品制作工厂以及优秀的设计团队、专业的施工队伍，专心致志于各类建筑装饰工程。

公司已成功创办了乐山朝晖石材分公司、眉山朝晖饰业装饰分公司，彭山朝晖饰业装饰分公司、眉山"石韵天下"全石系列体验馆；五洲国际商贸城展示厅正在建设中。创办了《中国石材》门户网站，拥有"安巢"注册商标；是目前眉山市唯一一家与中国银行、建设银行合作开展装修按揭业务的公司，也是唯一一家真正意义上的工厂化装修企业。公司体制完善，部门齐全。对工程的创意、设计、施工及售后有一套成熟有效的管理制度和严格科学的质量保障体系。工程部、材料部、质监部、加工厂、后勤部等多部门协调配合，多元管理，有效保证工程进度和质量，不断打造出更多高品质的精品工程。

朝晖饰业奉行至诚、至信、至高、至精的经营理念，秉承富有激情和创意的开发，力臻先进技术与精湛工艺之完美结合，引领时尚，缔造经典。

3. 康利石材集团

康利石材集团创建于一九八九年，总部位于深圳市龙岗区布吉镇李朗大道康利石材工业园，历经十多年的发展，已成为中国石材行业的龙头企业，投资总额达8亿人民币，分别兴建以大理石为主的深圳加工基地，和以花岗石为主的福建水头加工基地，在全国设立了七个全资子公司，已形成各具特点、优势明显、两翼齐飞、覆盖全国的战略布局。现有从业人员1200人，是目前中国石材行业经营规模、加工水平、综合实力最强的企业。

深圳康利石材有限公司（石材生产加工基地）
地址：深圳市布吉镇李朗大道康利石材工业园
电话：0755-28725668　传真：0755-28725171
邮政编码：518112

南安市水头康利石材有限公司
地址：福建省南安市水头镇西锦工业区
电话：0595-86981988　传真：0595-86990171
邮政编码：362342

4. 高时石材集团

高时石材集团1987年始创于香港，是亚洲最大的石材加工企业之一。引进世界上最先进的设备和技术，已建成独具规模的圆弧板生产线、花线与实心柱生产线、雕刻生产线、风水球生产线、小工艺生产线、大板生产线、薄板生产线、古典拼花生产线，已形成从矿山控制到产品设计、生产加工以及售前售后服务的一条龙服务体系。地址：深圳市布吉镇坂田正坑水库口
电话：0086-755-2877 7888
传真：0086-755-2877 7021

5. 东成石材有限公司

东莞市东成石材有限公司坐落于世界制造业基地中东莞，位于东莞厚街南五S256省道旁驰生工业村。公司始创于1990年，是一家集石材研发、生产、销售与一体的现代化民营企业；属下有艺成石业有限公司、东成矿业有限公司，主要从事砂锯大板、异型加工和胚料的生产。公司总投资额达7.6亿人民币，工厂占地面积20多万平方米，其中厂房占地面积20多万平方米，其中厂房占地面积3万多平方米；板材月库存量30多万平方米，荒料月库存量1.8万平方米；砂锯大板年生产量达120多，是目前国内规模最大和实力最强的专业石材供应商之一。

经营范围：荒料、砂锯大板、工程板、火烧板、荔枝板、圆柱、罗马柱、花线
地址：广东东莞市厦街溪头驰生工业园
电话：0769-8559 6328　传真：0769-8559 6430

福建省东升石业股份有限公司创办于2000年，是福建省南安市规模最大的股份制石材企业之一。公司主要经营进口花岗岩、大理石大板的生产加工，进口大理石、花岗石荒料的销售与批发。经过多年的艰苦创业，公司不断深

奢华石材装饰

企业名录

化企业内部管理，增强企业素质，不断拓展市场、壮大企业规模。公司已逐步发展成为一个集进出口贸易和生产为一体的大型石材企业，成为誉满全球的"中国石材城"南安市水头镇的龙头企业。

福建省东升石业股份有限公司
地址：福建南安水头滨海大道精品石材展销中心15楼
电话：0595-86962333　传真：0595-86972333
邮箱：info@dongshengstone.com
Http://www.dongshengstone.com

6. 福建省华辉石业股份有限公司

福建省华辉石业股份有限公司系南安市首家规范化股份制企业，也是南安市石材工业协会会长单位，地处水头闽南建材第一市场东侧，毗邻国道324线，距离厦高速公路水头出入口仅2公里，距厦门港60公里、泉州后渚港30公里，海陆交通便捷。自创办以来，公司立足高起点，面向全球，经营规模不断扩张，逐步建成了以大理石、花岗岩板材加工；石材工程设计、施工；矿山开采，自营进出口贸易以及薄板、复合板、马赛克、水刀拼花生产和技咨询服务为一体的综合型华辉石业园区被誉为"中国石材城"的城中城。

公司董事长兼总经理王清安为南安市石材协会会长，连续多届当选为泉州市人大代表，并担任南安市慈善总会名誉会长。公司常年积极参与社会公益活动，捐赠爱心、无私奉献，先后获得"热心教育事业"、"热心公安事业"、"修桥造路、功德无量"、"捐资助学、造福桑梓"等各界广泛好评。奋斗成就行业典范！通过十几年的努力，华辉公司已拥有丰富的矿山资源、先进的加工设备、强大的生产能力，以及一流的技术水平、资深的石材精装设计师、规范的施工安装队伍，能快速、有效地为客户提供全方位的优质服务。欢迎广大的国内外客商朋友光临华辉公司参观指导！华辉石业邀您一同共创美好未来！

地址：中国福建省南安市水头镇建材市场大道
电话：86-595-86996666 86996888
传真：86-595-86995188 86995388
http://www.huahuistone.com/
E-mail：huahui@huahuistone.com

7. 南安宗艺石材有限公司

宗艺公司集国内外各种板材和石材工艺品加工、石材工程设计、室内外装饰装修、自营进出口贸易、技术咨询服务为一体的大型石材工贸企业。公司几年凭着得天独厚的花岗岩资源优势，依靠先进的技术和管理服务体系，以高质和高速的发展。

座落在美丽闽南金三角的水头镇，名闻遐迩的天下无桥长此桥的安平桥畔，324国道228公里处，福厦高速公路边，距厦门机场68公里，距晋江机场15公里，距石井万吨码头8公里，是晋江南安同安的交界处，交通运输十分便捷。

前进中的宗艺公司，十分珍惜已取得的成就和荣誉，将继续发扬"质量第一、用户至上"的立业之本和"勤奋、拼搏、开拓、进取"的宗艺精神，竭诚与海内外客商携手合作，共创美好明天。

主营产品或服务：
花岗岩，大理石，大板，薄板，台面板，异形，洗面台，圆柱。
地址：南安市官桥南联工业区
电话：0595-86815888 /86815555
传真：0595-86815999

8. 泉州市瑞发石材有限公司

公司位于中国建材之乡南安水头。公司创立于1992年，秉承"立信为本、品质为先、顾客至上"的经营理念，以良好的信誉、完善的服务、优质的产品赢得了广大客户及社会各届的一致好评。

公司经过十多年的不懈努力，现发展为占地面积36000平方米、员工300多名、工程师20多位，及一支计划、组织、指挥、协调和控制五职能有机相结合的高素质管理队伍；配备四套意大利砂锯生产线等国际先进设备颇具规模和实力的石材生产企业。主要生产国产和进口超大规格花岗岩、大理石大板及圆柱、异形工程建筑配套石料，产品种类齐全，质量稳定。瑞发石材具备自营进出口权，并有一支专业从事外贸业务的队伍，为企业发展国际贸易打下坚实的基础。

公司在致力于开发新产品的同时，也没有一刻松懈对产品质量的高要求。公司以"顾客满意"为核心，注重"内炼素质、外树形象"，已全面通过ISO9001：?000国际质量体系认证并经瑞士SGS公司颁发证书；严格按照国标GB/T 18601-2001执行产品检验。公司连续几年被评为"守合同 重信用"、"AAA级信用企业"、"纳税大户"、"明星企业"等荣誉称号。公司注重企业的形象建设，已全面导入CIS战略及网络的建立，为实现企业的高层次、国际化、规模化的发展，迈出了坚定的步伐。

"质量卓越，服务完美"是我们的宗旨，为您提供最完善的服务及最优质的产品是我们最诚挚的承诺！公司在全国开设多家分公司及办事处，以更便捷的为您提供服务。我们坚信，在社会各界同仁的大力支持下，在公司领导的正确带领下，瑞发的明天一定会更好！

地 址：福建南安水头镇仁福工业区　　邮编：362342
电 话：0595-86905555 86906666
传 真：0595-86908347
网 址：http://http：//www.rui8.com
　　　　http://rui8.312green.com
E-mai：rui8stone@163.com

9. 厦门高田（石材）贸易有限公司
地址：厦门凤凰山庄54号102室　　邮编：361012
电话：13806052308　传真：0086-592-5065637

10. 煌腾石材干挂配件经营部

经营范围：石材幕墙设计和施工

地址：福建莆田市秀屿区笏石镇建设银行上坡500处（往忠门方向）

手机：13906097892　　电话：0594-5858725

11. 厦门宇鸿石业

宇鸿石业位于中国福建厦门，拥有专属的办公大楼、生产厂房、石材造景展示园区及库存场区，专营各类天然景观石材及建筑石材之生产。并在中国的北京、山东、四川等地区，均拥有自己的矿区及工厂，并由我们自己的人员全程控管。

宇鸿人始终秉持着"诚信、质量、专业、效率"的经营理念，有专业的设计与生产团队，并通过对矿区、工厂的直接控管，相信在规划设计的提供、质量的保证或快速出货等方面，我们定能不负所托，达成您的要求。

地址：厦门市同安区城南工业区双吉路7-13号

电话：86-592-7363801　传真：86-592-7362432

网站：www.yuhongstone.com

12. 泉州市新豪山石材工贸有限公司

我司位于著名的民族英雄郑成功的故乡南安。经过多年的创业，公司已逐步走向成熟，发展成为一个集外贸进出口大理石，花岗岩，线条，台面板，圆形，异形，欧式工艺，石雕工艺等异形石材及高级工程，设计，装修为一体的大型企业。

本公司技术力量雄厚，拥有国内外各种先进的生产加工设备及生产技术，并不断开发公司的自有品牌。公司通过了 ISO9001：2000 质量管理体系认证及产品合格双认证，并严格按照体系规范进行科学管理。

Add：福建省南安市官桥镇下辽工业区

Tel：+086（595）86882983 13599268252 凌小姐

Fax：+086（595）86883165

13. 浩然古建园林工程有限公司

浩然古建园林工程有限公司是一家以园林古建筑与传统雕刻、建筑幕墙与建筑装饰、园林景观与雕塑、陵园石刻等几大系列为主营项目的大型石材工程承包企业。具有园林古建筑一级资质、建筑幕墙工程专业承包二级、建筑装修装饰工程专业承包三级、文物保护工程施工三级资质，是2007年福建省建筑专业承包20强企业，全球石雕刻五星级供应商，泉州知名商标，古建省著名商标。

地址：福建省惠安县崇武镇惠崇公路赤湖林场路段

电话：0595-87699777　传真：0595-87699777

网址：http://www.chinahaoran.com

　　　http://hyhaoran9777.312green.com

E-mail：hr@chinahaoran.com

14. 福建南安市样样全石材有限公司

福建南安市样样全石材有限公司是"大理石"、"花岗岩"、"复合板"、"台面板"等产品专业生产加工的有限责任公司,公司总部设在水头镇西锦工业区,福建南安市样样全石材有限公司拥有完整、科学的质量管理体系。福建南安市样样全石材有限公司的诚信、实力和产品质量获得业界的认可。欢迎各界朋友莅临福建南安市样样全石材有限公司参观、指导和业务洽谈。

地址：中国 福建 南安市 水头镇西锦工业区

电话：0595-86819116　　传真：0595-86819726

网址：http://www.yyqstone.cn

　　　Http://nayyqsc.cn.alibaba.com

邮政编码：362342

15. 福建省南安市景红石业有限公司

福建省南安市景红石业宏岗大理石有限公司地处"中国建材之乡"、"全国小城镇建设示范镇"福建省南安市水头镇。公司位于闽南金三角的324国道旁劳光工业区（福厦线235.8km处），紧临福厦漳高速公路和闽南建材市场。毗临厦门国际航空海运码头港口仅55km，地势优越，交通便捷。自1996年创办以来，公司本着设备优势、人才优势、质量优势、市场优势，不断进行改革和创新，专业从事石材开发，生产工程设计，施工等多方面服务。是一家集矿山生产加工、石材经销批发的公司，主要经营进口大理石、如白玉兰、索菲亚、闪电米黄、浅啡网、意大利白木纹、美国黄金等多种品种。景红石业宏岗大理石有限公司以雄厚的实力、合理的价格、优良的服务与多家企业建立了长期的合作关系。我公司热诚欢迎各界前来参观、考察、洽谈业务。

地址：福建省南安市水头劳光开发区旧盘兴加油站旁

电话：0595-86900088　　传真：0595-86900089

16. 福建泉州台商投资区圣鑫艺雕有限公司
福建泉州台商投资区泰棋石材有限公司

简介：制造加工：石雕工艺品 石板材 木雕工艺品 铜雕工艺品 玉雕工艺品；园林古建工程 城市幕墙工程 装潢装饰工程的设计施工及安装；建筑材料销售批发（不含危险化学品）；自营和代理各类商品和技术的进出口业务。

法人：陈金辉 13505023558　QQ:1066583568

地址：福建省泉州市台商投资区洛阳镇新桥闸边圣鑫艺雕公司　邮编：362121

电话：0595-87488258　　传真：0595-87489258

17. 福建省郭盛石材有限公司

主营：锈石，虾红，603，606，巴拉白，英国棕，黑金沙，红钻，法国流金，浅啡网，莎安娜，浮雕，罗马柱，异形。

地址：福建省南安市石井镇郭前工业区

电话：13559543916　18805956067

联系人：郑德华

18. 新磊德建材商行
主营：石材卫浴、陶瓷卫浴、石材砖、家居装饰品、玉石工艺品
地址：福州新南方家具建材广场一楼127号
电话：0591-83662589 13205900181 13809552689

19. 福州万隆石业
主营：家具石材装饰，花岗岩板材、大理石板材；别墅工程、办公大楼工程装饰。
地址：福州市茶会石材批发市场303-305号
电话：0591-83674738 13905917589 13205900181

20. 惠安大千雕刻工艺厂
产品：影雕、工艺品等
厂址：福建惠安福厦路157公里峰尾路口
展示部：中国福建惠安中国雕艺城3#B59#
联系人：许为民   手机：13905067785
电话：0086-595-87321367
传真：0086-595-87320867
E-mail：xwmw@tom.com

21. 福建省南安艺雕美工艺品有限公司
福建省泉州市水头镇大盈街9号
电话：86-595-86936796
传真：86-595-86937208
E-mail：yidiaomei163.com

22. 云浮丰年石材有限公司
地址：广东省云浮市云城东郊罗沙296号
联系人：何辉强   手机：18607662234
电话：0086-766-8100088
传真：0086-766-8100363
网站：http://www.fullyonyx.com
电子邮箱：2804752060@qq.com

23. 福州兴升石材有限公司
主营：花岗岩、大理石板材，室内外工程装饰
地址：福建省福州市茶会石材批发市场688号
联系人：俞燕兰   手机：13067230337
电话：0086-591-83642894 38120008
传真：0086-591-83642894

24. 桂磊石业有限公司
地址：广西省柳州市柳邕路138号正对面桂磊大院内
电话：0086-772-3226287 3223128
传真：0086-772-3233068
网站：http://www.guilei.cn
电子邮箱：guilei888@126.com

25. 云浮市春光石材有限公司
地址：广东省云浮市河口石材工业区
电话：0766-8212626 传真：0766-8211878
网站：http://www.21cn.com
电子邮箱：Wanjch@163.net

26. 山源浮雕有限公司
地址：广东省云浮市腰古砂岩基地万里加油站侧
电话：0766-8512608 传真：0766-8515228
网站：http://www.shanyuan8.com.cn
电子邮箱：shanyuan8@163.com.cn

27. 长风石影雕
经营：生产加工各种人物肖像、人物、图像、花鸟动物、山水字画等线雕、沉雕、影雕、巧色、玉石、九龙壁、玛瑙石等工艺品。
联系人：吴培霖   手机：13805947190
地址：惠安大红埔中国雕艺城B60、78、95#
电话：0086-595-87323221 QQ：549499219
电子邮箱：WPL3221@163.com.cn

28. 金宝树雕刻
经营：承接各种高端会所石茶盘定制、园林石雕工程、浮雕工艺、玉石工艺品。
地址：福建省惠安中国雕艺城126-127号
联系人：谢长清
手机：13959707088 15305951618
传真：0086-595-87303230

29. 官水石坊
经营：各类石材制品
联系人：李志群 手机：13959982127
地址：福建省南安市水头滨海大道中国石材城精品石材展销中心一层127号
电话：0595-2687555   http://www.000127.com.cn

30. 台安嘉美新型建材有限公司
地址：沈阳市铁西区齐贤北街28甲2、3门
电话：024-25604411 传真：024-25604422
网站：http://www.jmxsyzs.com.cn www.bfzsw.com.cn
电子邮箱：jmxsyzs@126.com.cn

特别鸣谢：
环球石材体验馆、溪石石材体验馆、华辉石材体验馆、东星奢石馆、五号仓库、凌云玉石展厅、云浮丰年玉石展厅等提供的精美石材艺术装饰案例。
特别感谢：
古梓炜、吴国斌等设计师的友情支持！

后　语 Conclusion

　　当我在八年前看到"奢华"这两个字的时候，眼前是一张张极富张力的大板画面。那些或抽象、或生动的自然肌理图案，鬼斧神工，出神入化。我意识到，那些化腐朽为神奇的"奢侈的石材"，将成为装饰的新宠，改变长期以来对石材应用方面碰到纹理而慎重选择的历史。珍贵的半宝石、玉石的开发与应用，把空间装饰得如皇宫天庭，这是材料方面的又一进步和发展，这些极其宝贵的材料将为奢华装饰开辟出一片新的天地。因此，我们下决心重新认识石材的魅力。

　　《奢华石材装饰》是继2006年之后，我们再次编辑的石材在加工应用方面的系列图书。本书将系统、全面地体现现代加工能力之下的石材的应用水平，让石材从业者进一步认识石材具有的无穷装饰性和美感，以更好地把古典的建造美学和现代装饰技巧及材料的美感作进一步发挥，从而把石材的装饰推向更高的审美意境，推动现代石材应用技术水平的进一步提高。本书的出版，将是行业的一大盛事，它将成为中国石材产业发展的历史见证。

　　本书的资料收集，是一项非常巨大的工程，经过了七年多的精心拍摄与大量的资料分类整理。期间，我们得到广大石材企业的大力支持，感谢他们在资料应用及其知识方面的帮助；同时，我们也要感谢许多设计大师、雕刻大师的大力帮助和指导，特别是溪石集团发展有限公司对该书的编辑出版给予大力的支持和指导。

执行主编：

2013 年 9 月